高等职业教育人工智能与大数据专业群人才培养系列教材

数据分析基础

主　　编　芦娅云　李新萍
副 主 编　宋晓丽　章红燕　庞鹤东　胡　筝
联合企业　腾讯云计算（北京）有限公司

电子工业出版社
Publishing House of Electronics Industry
北京·BEIJING

内 容 简 介

本书基于 Python 3.10 版本，使用 Jupyter Notebook 进行编程；以项目任务驱动模式，系统地阐述了 Python 数据分析的相关知识，内容包括 Python 数据分析概述、NumPy 数值计算实战、pandas 统计分析实战、Matplotlib 数据可视化实战、Python 数据探索、数据预处理、基于 sklearn 的数据分析实战、电商产品评论数据情感分析实战；通过多个实战任务的学习与练习，让读者在短时间内掌握 Python 数据分析的技术和方法。为了方便读者学习，本书附有配套源代码、教学 PPT、题库、教学视频、教学设计等资源。

本书可作为高职院校人工智能、大数据相关专业数据分析课程的教材，也可作为从事数据分析工作的相关人员的参考用书。

未经许可，不得以任何方式复制或抄袭本书之部分或全部内容。
版权所有，侵权必究。

图书在版编目（CIP）数据

数据分析基础 / 芦娅云，李新萍主编. —北京：电子工业出版社，2024.1
ISBN 978-7-121-46883-4

Ⅰ. ①数… Ⅱ. ①芦… ②李… Ⅲ. ①数据处理－高等职业教育－教材 Ⅳ. ①TP274

中国国家版本馆 CIP 数据核字（2023）第 238314 号

责任编辑：李　静
印　　刷：涿州市般润文化传播有限公司
装　　订：涿州市般润文化传播有限公司
出版发行：电子工业出版社
　　　　　北京市海淀区万寿路 173 信箱　　邮编：100036
开　　本：787×1092　1/16　印张：9.75　字数：234 千字
版　　次：2024 年 1 月第 1 版
印　　次：2025 年 3 月第 2 次印刷
定　　价：34.80 元

凡所购买电子工业出版社图书有缺损问题，请向购买书店调换。若书店售缺，请与本社发行部联系，联系及邮购电话：（010）88254888，88258888。

质量投诉请发邮件至 zlts@phei.com.cn，盗版侵权举报请发邮件至 dbqq@phei.com.cn。
本书咨询联系方式：（010）88254604，lijing@phei.com.cn。

高等职业教育人工智能与大数据专业群人才培养系列教材编委会

主　　任：仵　博

副 主 任：郭　伟

成　　员：王明超　王亚红　王　浩　刘　珍　张　莉　李　洋
　　　　　李志芳　李新萍　李春梅　陈静漪　陈中蕾　陈　挺
　　　　　芦娅云　宋晓丽　庞鹤东　胡　筝　胡兴铭　宫静娜
　　　　　钱栩磊　章红燕　彭旭令　熊　军

前　言

在大数据的发展浪潮下，许多行业都开始运用数据来指导各项商业决策。Python 作为数据分析的一大利器，拥有庞大而活跃的社区、丰富的库和工具、高级且易于使用的语法，以及灵活性和互操作性，尤其在科学计算方面，拥有 NumPy、pandas、Matplotlib、scikit-learn、IPython 等一系列非常优秀的库和工具。其中，pandas 在处理中型数据方面有着无与伦比的优势，并逐渐成为各行业进行数据处理时的首选库。

本书重在基础知识和实践练习。在内容上，全书以实际的项目任务驱动模式编写，围绕 Python 数据分析师岗位能力要求，以一个完整的餐饮订单数据分析项目为载体来组织内容，从而增强本书的可读性和可操作性，激发读者的学习兴趣，争取让读者在短时间内掌握 Python 数据分析的常用技术和方法，为以后的就业打好基础。

本书共 8 个项目，以餐饮订单数据和电商产品评论数据作为案例背景，前者作为知识讲解的案例背景，后者则作为读者的实战案例；学习与实践相结合，有利于读者理解知识并应用知识；在表述方式上，采用以任务驱动、任务实施的方式，由浅入深，展开知识点的讲述；每个项目中的案例既有各自的主题，又相互关联，让读者更加系统地掌握 Python 数据分析的原理和方法。

本书可分为 3 方面内容，项目 1 至项目 3 阐述了 Python 数据分析的基础知识，项目 4 至项目 6 阐述了餐饮订单数据分析的具体实现步骤，项目 7 和项目 8 阐述了两个 Python 数据分析的实例。本书的具体内容如下。

项目 1：Python 数据分析概述，主要讲述数据分析的基本过程及 Python 数据分析的工具。

项目 2：NumPy 数值计算实战，主要讲述 Python 的基础库 NumPy 中常见函数的使用。

项目 3：pandas 统计分析实战，主要讲述利用数据分析的核心库 pandas 进行常见的数据分析。

项目 4：Matplotlib 数据可视化实战，主要讲述使用 Python 基本的绘图函数 pyplot()进行绘图。

项目 5：Python 数据探索，主要讲述利用 Python 的相关函数对数据的本质和形态特征进行描述性统计。

项目 6：数据预处理，主要讲述利用 pandas 库中的方法对数据进行预处理，提高数据质量。

项目7：基于sklearn的数据分析实战，主要讲述sklearn的基础语法和数据处理，利用sklearn库对数据进行综合分析。

项目8：电商产品评论数据情感分析实战，主要讲述对文本类别的数据进行统计分析，利用文本相似度分析出其中的情感，从而掌握情感分析的方法。

感谢在本书编写过程中给予编者支持与帮助的人和有关机构。

尽管编者在编写过程中尽了最大努力，但由于水平有限和数据分析技术发展迅速，书中难免存在不足之处，恳请广大读者批评指正。

教材资源服务交流QQ群（684198104）

目 录

项目 1　Python 数据分析概述 1
　　任务 1.1　认识数据分析 2
　　任务 1.2　搭建 Anaconda 环境 6
　　任务 1.3　基于 Jupyter Notebook 创建餐饮订单数据分析项目 12

项目 2　NumPy 数值计算实战 15
　　任务 2.1　数据的读取与显示 16
　　任务 2.2　利用 NumPy 进行统计分析 18

项目 3　pandas 统计分析实战 23
　　任务 3.1　从 CSV 文件中读取餐饮订单数据 24
　　任务 3.2　创建餐饮订单数据的 DataFrame 30
　　任务 3.3　利用行列索引查看餐饮订单数据的子集 34
　　任务 3.4　生成餐饮订单数据的销售额 36
　　任务 3.5　按给定的时间周期统计菜品或餐饮店的销售额 38
　　任务 3.6　按菜品拆分销售额数据 43

项目 4　Matplotlib 数据可视化实战 50
　　任务 4.1　基于 pyplot()函数绘制图表和图像 51
　　任务 4.2　绘制餐饮订单数据中日销售额的散点图 52
　　任务 4.3　绘制餐饮订单数据中某家餐饮店月销售额的折线图 54
　　任务 4.4　绘制餐饮订单数据中各家餐饮店月销售额的直方图 57
　　任务 4.5　绘制餐饮订单数据中各家餐饮店月销售额的饼图 59
　　任务 4.6　绘制餐饮订单数据中月销售数量前五的销售额的箱形图 61

项目 5　Python 数据探索 64
　　任务 5.1　餐饮订单数据的缺失值分析 65
　　任务 5.2　餐饮订单数据的异常值分析 68

数据分析基础

任务 5.3	餐饮订单数据的分布分析	69
任务 5.4	餐饮订单数据的周期性分析	72
任务 5.5	餐饮订单数据的相关性分析	74
任务 5.6	餐饮订单数据的贡献度分析	75
任务 5.7	餐饮订单数据的统计量分析	77

项目 6　数据预处理 79

任务 6.1	清洗餐饮订单数据	80
任务 6.2	集成餐饮订单数据	84
任务 6.3	规约餐饮订单数据	85
任务 6.4	转换餐饮订单数据	87
任务 6.5	分组与聚合餐饮订单数据	89

项目 7　基于 sklearn 的数据分析实战 93

任务 7.1	预处理广州珠江水道水质化验数据	94
任务 7.2	划分广州珠江水道水质化验数据的训练集与测试集	99
任务 7.3	构建与评价广州珠江水道总氮浓度的回归模型	101
任务 7.4	构建广州珠江水道水质类别的决策树模型	103
任务 7.5	基于餐饮订单数据的销售额预测分析	105
任务 7.6	基于餐饮订单数据的菜品关联分析	110
任务 7.7	基于 iris 数据集的鸢尾花聚类分析	115

项目 8　电商产品评论数据情感分析实战 120

任务 8.1	电商产品评论数据的分词处理	121
任务 8.2	电商产品评论数据的词性标注	124
任务 8.3	电商产品评论数据的停用词去除	127
任务 8.4	电商产品评论数据的文本分类	132
任务 8.5	电商产品评论数据的文本相似度计算	138
任务 8.6	电商产品评论数据的文本情感分析	142

项目 1

Python 数据分析概述

学习目标

【知识目标】

（1）了解数据分析的概念。
（2）了解数据分析的流程。
（3）了解 Python 在数据分析中的优势。
（4）了解 Python 数据分析的常用库。

【技能目标】

（1）掌握在 Windows/Linux 系统下安装 Anaconda。
（2）掌握常用的 Jupyter Notebook 功能。

【素质目标】

在掌握本项目中的知识的同时，我们要明白严谨负责是作为一名合格的数据分析师所必备的素质之一，只有本着严谨负责的工作态度，才能保证分析出的数据的客观性与准确性。

项目背景

随着大数据时代的到来，产生的数据量也呈指数级增长的态势。现有数据的量级已经超过了人力所能处理的范畴，如何管理和使用这些数据成了科学领域中一个全新的研究课题。近年来，Python 迅速发展，大量从事科学领域的人员使用 Python 来完成数据科学与大数据技术相关工作，如数据分析师。本项目将介绍数据分析的概念、流程和常用的工具，使用 Python 进行数据分析的优势和 Python 中常用的库，以及 Anaconda 和 Jupyter Notebook 的安装流程。

任务流程

第 1 步：认识数据分析的基本概念和流程。
第 2 步：熟练安装 Anaconda 工具包。
第 3 步：使用 Jupyter Notebook 进行编程实战。

任务 1.1 认识数据分析

扫一扫，看微课

【任务陈述】

数据分析是大数据技术的重要组成部分。近年来，随着大数据技术的发展，数据分析技能被认为是数据科学领域中数据从业人员所需的技能之一，同时数据分析师也成为当下最热门的职业之一。掌握数据分析技能是一个循序渐进的过程，掌握数据分析的概念、流程等相关知识是掌握数据分析技能的第一步。

【知识准备】

1. 数据分析的概念

数据分析是用适当的分析方法对收集的大量数据进行分析，提取有用信息并得出结论，对数据进行详细研究和概括总结的过程。随着计算机技术的全面发展，企业生产、收集、存储和处理数据的能力大大提高，数据量不断增加。在现实生活中，企业需要通过统计分析对这些繁杂的数据进行提炼，研究数据的发展规律，从而帮助企业管理层做出决策。

数据分析是根据分析目的，采用对比分析、分组分析、交叉分析和回归分析等分析方法，对收集的数据进行处理与分析，从而提炼出有价值的信息，发挥数据的作用，得到一个特征统计量结果的过程。

2. 数据分析的流程

数据分析已经逐渐演化为一种解决问题的过程，甚至是一种方法论。虽然每家公司都会根据自身需求和目标创建最适合的数据分析流程，但数据分析的核心步骤是一致的。

1）数据获取

数据获取是数据分析工作的基础，指的是根据需求分析的结果收集、提取数据。获取的数据主要有两种：网络数据与本地数据。网络数据是指存储在互联网中的各类视频、图片、语音和文字等信息；本地数据是指存储在本地数据库中的生产、营销和财务等系统的数据。本地数据按照数据时间可以划分为两部分：历史数据与实时数据。历史数据是指系统在运行过程中遗留下来的数据，其数据量随系统运行时间的增加而增加；实时数据是指最近一个单位时间周期（月、周、日、小时等）内产生的数据。

2）数据预处理

数据预处理是对数据进行数据合并、数据清洗、数据标准化和数据转换，并直接用于分析建模过程的总称。其中，数据合并可以将多张互相关联的表格合并为一张表格；数据清洗可以去除重复、缺失、异常、不一致的数据；数据标准化可以去除特征间的量纲差异；数据转换可以通过离散化、哑变量处理等技术，使数据满足后期分析与建模的要求。在数据分析的过程中，数据预处理的各个过程互相交叉，没有明确的先后顺序。

3）分析与建模

分析与建模是通过对比分析、分组分析、交叉分析、回归分析等分析方法，以及聚类模型、分类模型、关联规则、智能推荐等模型与算法，发现数据中有价值的信息，并得出结论的过程。在数据分析的过程中，具体使用哪种数据获取方式，需要根据需求分析的结果而定。

分析与建模的方法按照目标不同可以分为几大类。若分析目标是描述客户行为模式，则可以采用描述型数据分析方法，还可以采用关联规则、序列规则和聚类模型等；若分析目标是量化未来一段时间内某个事件发生的概率，则可以采用两大预测分析模型，即分类预测模型和回归预测模型。在常见的分类预测模型中，目标特征通常为二元数据，如欺诈与否、流失与否、信用好坏等。在回归预测模型中，目标特征通常为连续型数据，常见的有股票价格预测模型等。

4）模型评价与模型优化

模型评价是对已经建立的一个或多个模型，根据模型的类别，使用不同的指标来评价模型性能优劣的过程。常用的聚类模型评价指标有 ARI 评价法（兰德系数）、AMI 评价法（互信息）、V-measure 评分、FMI 评价法和轮廓系数等。常用的分类模型评价指标有准确率（Accuracy）、精确率（Precision）、召回率（Recall）、F1 值（F1 Value）、ROC 和 AUC 等。常用的回归模型评价指标有平均绝对误差、均方误差、中值绝对误差和可解释方差值等。

模型优化是模型性能在经过模型评价后已经达到了要求，但在实际生产环境的应用过程中发现模型的性能并不理想，继而对模型进行重构与优化的过程。在大多数情况下，模型优化和分析与建模的过程基本一致。

3．Python 数据分析的工具

1）数据分析的常用工具

目前，主流的数据分析语言有 Python、R、MATLAB 这 3 种。Python 具有丰富和强大的库，常被称为"胶水语言"，能够将使用其他语言（尤其是 C/C++）制作的各种模块轻松地连接在一起，是一门更易学、更严谨的程序设计语言。R 语言通常用于统计分析、绘图，属于 GNU 系统的一个自由、免费、源代码开放的软件。MATLAB 的作用是进行矩阵运算、绘制函数与数据、实现算法、创建用户界面和连接其他编程语言的程序，主要应用于工程计算、控制设计、信号处理与通信、图像处理、信号检测、金融建模设计与分析等领域。

Python 主要有以下 4 个方面的优势。

（1）语法简单精练。对初学者来说，比起其他编程语言，Python 更容易操作。

（2）有大量且功能强大的库。结合编程方面的强大实力，可以只使用 Python 构建以数据为中心的应用程序。

（3）功能强大。从特性观点来看，Python 是一个混合体。Python 丰富的工具集使其介于传统的脚本语言和系统语言之间。Python 不仅具备所有脚本语言简单、易用的特点，还提供编译语言所具有的高级软件工程工具。

（4）Python 是一门"胶水语言"。Python 程序能够以多种方式与其他语言的组件连接在一起。例如，Python 的 C 语言 API 可以帮助 Python 程序灵活地调用 C 程序，这意味着用户可以根据需要给 Python 程序添加功能或在其他环境系统中使用 Python。

2）Python 数据分析的常用库

在使用 Python 进行数据分析时，所用到的库主要有 NumPy、pandas、Matplotlib、seaborn、pyecharts、scikit-learn（以下简称 sklearn）。

（1）NumPy。

NumPy 是 Numerical Python 的简称，是一个 Python 科学计算的基础包。NumPy 主要提供了以下内容。

① 快速高效的多维数组对象 ndarray。

② 对数组执行元素级计算和直接对数组执行数学运算的函数。

③ 读取/写入硬盘上基于数组的数据集的工具。

④ 线性代数运算、傅里叶变换和随机数生成的功能。

⑤ 将 C、C++、Fortran 代码集成到 Python 的工具中。

NumPy 除了为 Python 提供快速的数组处理能力，在数据分析方面还有一个主要作用，即作为算法之间传递数据的容器。

对于数值型数据，使用 NumPy 数组存储和处理数据要比使用内置的 Python 数据结构高效得多。

此外，由低级语言（如 C 和 Fortran）编写的库可以直接操作 NumPy 数组中的数据，

不需要进行任何数据复制工作。

（2）pandas。

pandas 是 Python 的数据分析核心库，最初是作为金融数据分析工具而被开发出来的。pandas 为时间序列分析提供了很好的支持，并且提供了一系列能够快速、便捷地处理结构化数据的数据结构和函数。Python 之所以能够成为强大而高效的数据分析环境，是因为其与 pandas 息息相关。

pandas 兼具 NumPy 高性能的数组计算功能，以及电子表格和关系型数据库（如 MySQL）灵活的数据处理功能，提供了复杂精细的索引功能，以便完成重塑、切片、切块、聚合和选取数据子集等操作。本书主要使用的工具是 pandas。

（3）Matplotlib。

Matplotlib 是较为流行的、用于绘制数据图表的 Python 库，也是 Python 中的 2D 绘图库。Matplotlib 的操作比较容易，用户用几行代码即可生成直方图、功率谱图、条形图、错误图和散点图等。Matplotlib 提供了 pylab 的模块，包括 NumPy 和 pyplot 中许多常用的函数，方便用户快速进行计算和绘图。Matplotlib 与 IPython 相结合，可以为用户提供一种非常好用的交互式数据绘图环境。用 Matplotlib 绘制出的图表也是交互式的，用户可以利用绘图窗口的工具栏中的相应工具放大图表中的某个区域，或者对整个图表进行平移浏览。

（4）seaborn。

seaborn 是基于 Matplotlib 的图形可视化 Python 库，提供了一种高度交互式界面，便于用户做出各种有吸引力的统计图表。seaborn 在 Matplotlib 的基础上封装了更高级的 API，使制作图表变得更加容易。seaborn 不需要大量的底层代码，就能使图形变得精致。在大多数情况下，使用 seaborn 能做出很具有吸引力的图表，而使用 Matplotlib 能制作具有更多特色的图表，因此可将 seaborn 视为 Matplotlib 的补充，而不是替代物。同时，seaborn 能高度兼容 NumPy 与 pandas 数据结构，以及 SciPy 与 statsmodels 等统计模式，可以在很大程度上帮助用户实现数据可视化。

（5）pyecharts。

Echarts 是百度的开源的数据可视化工具，凭借着良好的交互性，精巧的图表设计，得到了众多开发者的认可。Python 是一门富有表达力的语言，适用于数据处理。pyecharts 是 Python 与 Echarts 的结合。pyecharts 可以展示动态交互图，更方便展示数据，当鼠标指针悬停在图上时，即可显示数值、标签等信息。pyecharts 支持主流 Notebook 环境，如 Jupyter Notebook、JupyterLab 等，可以轻松地被集成至 Flask、Django 等主流 Web 框架，再加上其高度灵活的配置项，可以轻松搭配出精美的图表。

pyecharts 囊括了 30 多种常见的图表，如 Bar（柱形图/条形图）、Boxplot（箱形图）、Funnel（漏斗图）、Gauge（仪表盘）、Graph（关系图）、HeatMap（热力图）、Radar（雷达图）、Sankey（桑基图）、Scatter（散点图）、WordCloud（词云图）等。

（6）sklearn。

sklearn 是一个简单有效的数据挖掘和数据分析工具，可以供用户在各种环境下重复使用。sklearn 建立在 NumPy、SciPy 和 Matplotlib 的基础上，对一些常用的算法和方法进行了封装。目前，sklearn 的基本模块主要有数据预处理、模型选择、分类、聚类、数据降维和回归 6 个。在数据量不大的情况下，sklearn 可以解决大部分问题。不精通算法的用户在执行建模任务时，不需要自行编写所有的算法，简单地调用 sklearn 中的模块即可。

任务 1.2 搭建 Anaconda 环境

【任务陈述】

扫一扫，看微课

Python 拥有 NumPy、SciPy、pandas、Matplotlib、seaborn、pyecharts 和 sklearn 等功能齐全、接口统一的库，能为数据分析工作提供极大的便利。不过库的管理和版本问题，使得数据分析人员不能专注于数据分析，而是将大量的时间花费在与环境配置相关的问题上。基于上述原因，Anaconda 发行版应运而生。

【知识准备】

Anaconda 发行版预装了 150 个以上的常用 Package，囊括了数据分析常用的 NumPy、SciPy、Matplotlib、seaborn、pyecharts、pandas、sklearn，使数据分析人员能够更加顺畅、专注地使用 Python 解决数据分析相关问题。推荐数据分析初学者（尤其是 Windows 系统用户）安装 Anaconda 发行版，在 Anaconda 官方网站上下载适合的安装包即可。

Anaconda 发行版主要有以下几个特点。

（1）包含很多流行的科学、数学、工程和数据分析的 Python 库。

（2）完全开源和免费。

（3）额外的加速和优化是收费的，但对于学术用途，可以申请免费的 License。

（4）全平台支持 Linux、Windows、macOS 系统；支持 Python 2.6、Python 2.7、Python 3.4、Python 3.5、Python 3.6 和 Python 3.8 等版本，可自由切换。

【任务实施】

1. 在 Windows 系统中安装 Anaconda 发行版

进入 Anaconda 官方网站，下载 Windows 系统的 Anaconda 发行版安装包，选择 Python 3.8 版本。安装 Anaconda 发行版的具体步骤如下。

（1）双击已下载好的 Anaconda 发行版安装包，在弹出的欢迎界面中单击"Next"按钮，如图 1-1 所示。

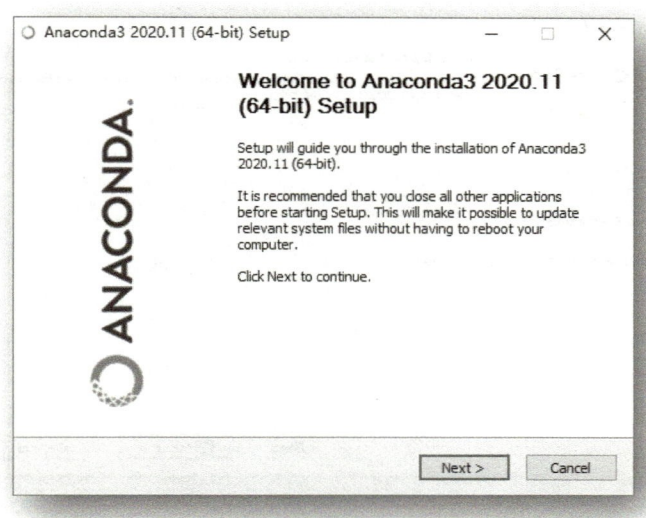

图 1-1　欢迎界面

（2）进入用户许可界面，单击"I Agree"按钮，表示同意上述协议，如图 1-2 所示。

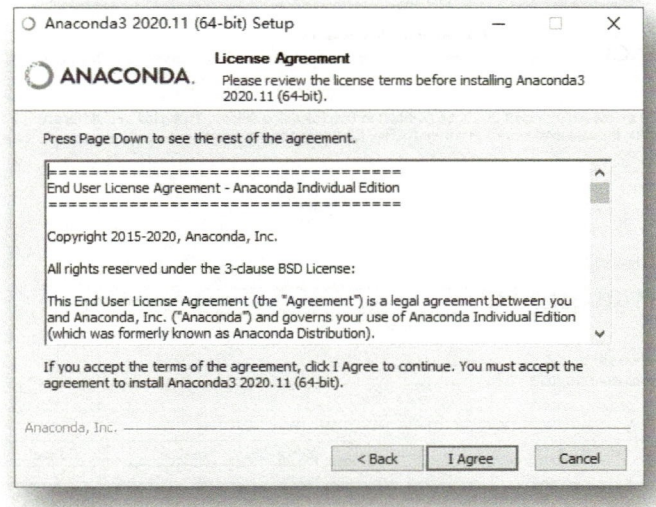

图 1-2　用户许可界面

（3）进入选择安装用户界面，选中"All Users(requires admin privileges)"单选按钮，单击"Next"按钮，如图 1-3 所示。

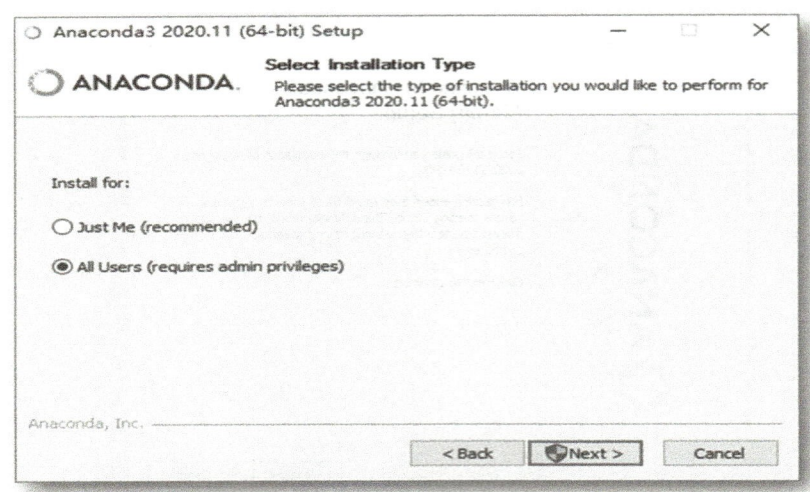

图 1-3　选择安装用户界面

（4）进入选择安装位置界面，单击"Browse"按钮，选择 Anaconda 发行版的安装位置，如图 1-4 所示。选择完成后，单击"Next"按钮进入下一个界面。

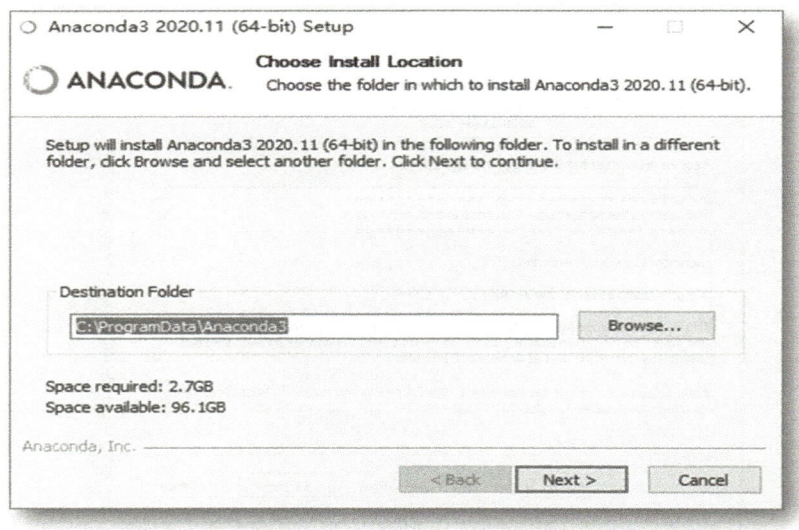

图 1-4　选择安装位置界面

（5）如图 1-5 所示的界面中的两个复选框分别代表允许将 Anaconda 发行版添加到系统路径环境变量中、Anaconda 发行版使用的 Python 版本为 3.8。勾选这两个复选框后，单击

"Install"按钮，等待安装结束。

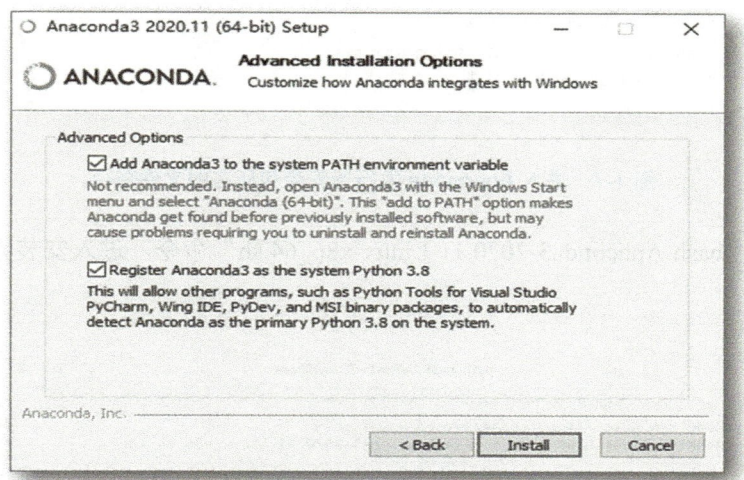

图 1-5　设置配置路径和 Python 版本界面

（6）安装结束后，如图 1-6 所示，单击"Finish"按钮，完成 Anaconda 发行版的安装。

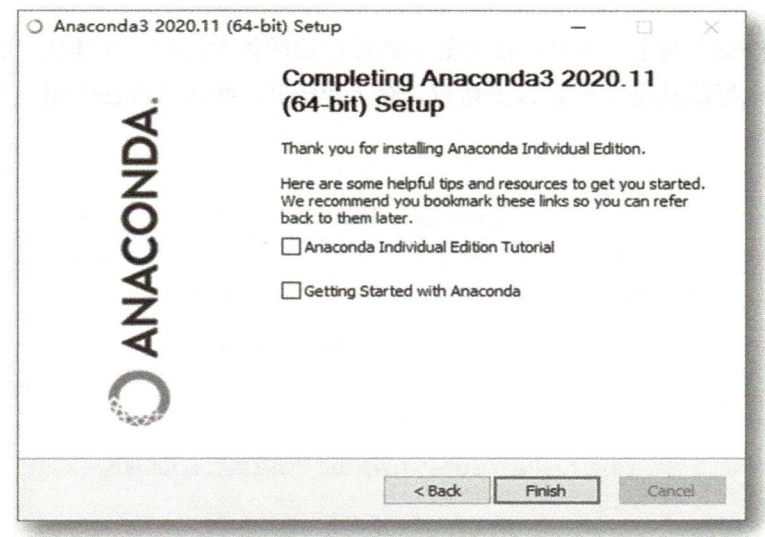

图 1-6　安装完成界面

2．在 Linux 系统中安装 Anaconda 发行版

（1）打开一个用户终端 Terminal。使用"cd"命令将当前路径切换至 Linux 系统下 Anaconda 发行版安装包所在的文件路径，如图 1-7 所示。

数据分析基础

图 1-7　进入 Anaconda 发行版安装包所在的文件路径

（2）输入 "bash Anaconda3-2020.11-Linux-x86_64.sh" 命令，进入安装界面，如图 1-8 所示。

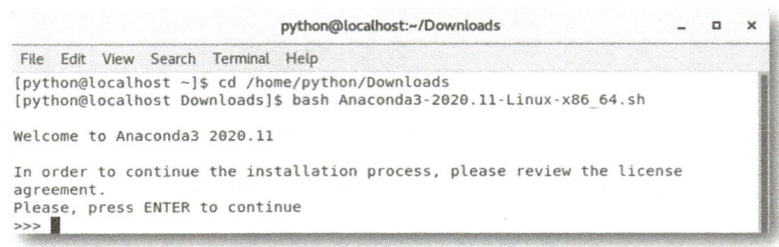

图 1-8　在 Linux 系统中安装 Anaconda 发行版的界面

（3）按 "Enter" 键后，安装界面会显示软件协议的相关内容。连续按 "Enter" 键阅读全文，在协议末尾确认是否同意以上协议，输入 "yes"，并按 "Enter" 键，确认同意，如图 1-9 所示。

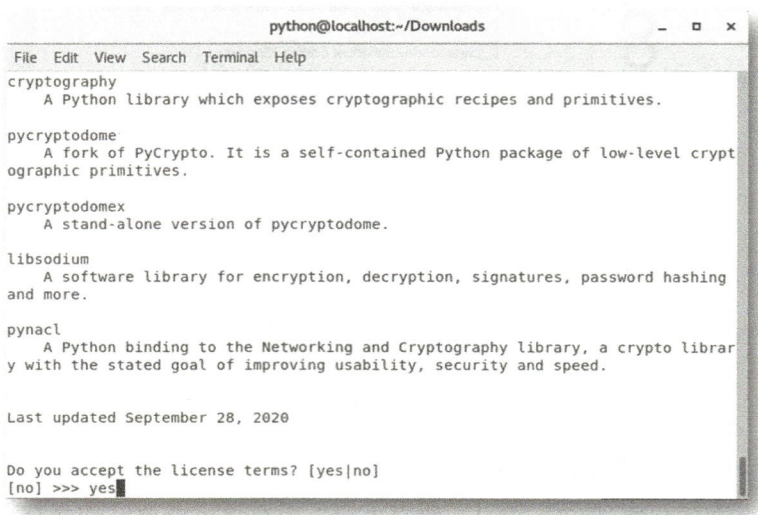

图 1-9　安装选择界面

(4)同意协议后,设置安装位置,默认安装位置为/home/python/anaconda3。安装位置设置完成后,即可开始安装 Anaconda 发行版,如图 1-10 所示。

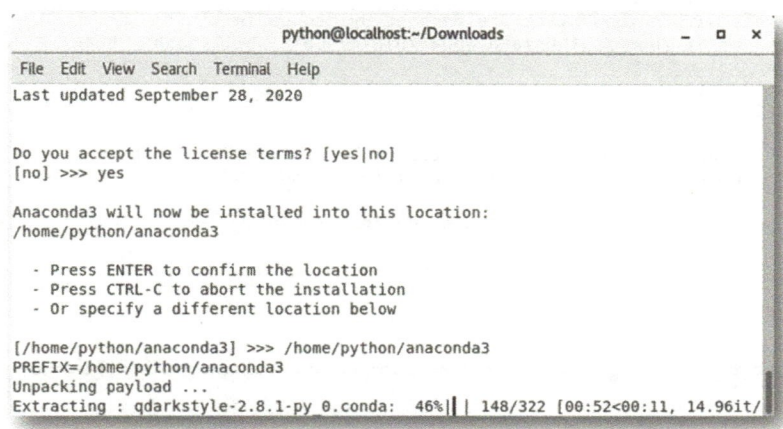

图 1-10　设置安装位置

(5)在安装过程快结束时,界面会提示用户是否将 Anaconda 发行版的安装路径加入系统当前用户的环境变量中,输入"yes"(见图 1-11),并按"Enter"键,确认加入。

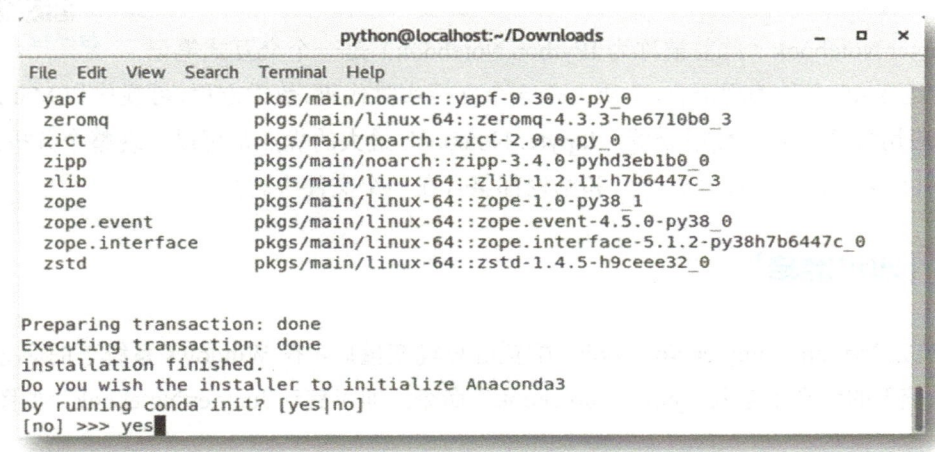

图 1-11　配置环境变量

(6)软件安装完成后,使用 Linux 系统中的文本编辑器 Vim 或 gedit,查看当前用户的环境变量。输入"vi /home/python/.bashrc"命令查看文件,出现界面,表示环境变量配置完成,Anaconda 发行版已经完成安装。

若环境变量未配置完成,则需要在.bashrc 文件末尾添加 Anaconda 发行版安装目录的环境变量,如图 1-12 所示。

数据分析基础

图 1-12　修改 Anaconda 发行版的配置文件

任务 1.3　基于 Jupyter Notebook 创建餐饮订单数据分析项目

【任务陈述】

扫一扫，看微课

　　Jupyter Notebook（此前被称为 IPython Notebook）是一个交互式笔记本，支持运行 40 多种编程语言，本质上是一个支持实时代码、数学方程、可视化和 Markdown 的 Web 应用程序。对于数据分析，Jupyter Notebook 最大的优点是可以重现整个分析过程，并将说明文字、代码、图表、公式和结论都整合在一个文件中。

【知识准备】

　　安装完 Python、Jupyter Notebook，配置好环境变量后，在 Windows 系统下的命令行或 Linux 系统下的终端中输入 "jupyter notebook" 命令，即可启动 Jupyter Notebook，如图 1-13 所示。

图 1-13　启动 Jupyter Notebook

项目 1　Python 数据分析概述

【任务实施】

（1）打开 Jupyter Notebook 后，系统默认的浏览器中会出现如图 1-14（a）所示的界面。单击右上方的"New"下拉按钮，弹出下拉列表，如图 1-14（b）所示。

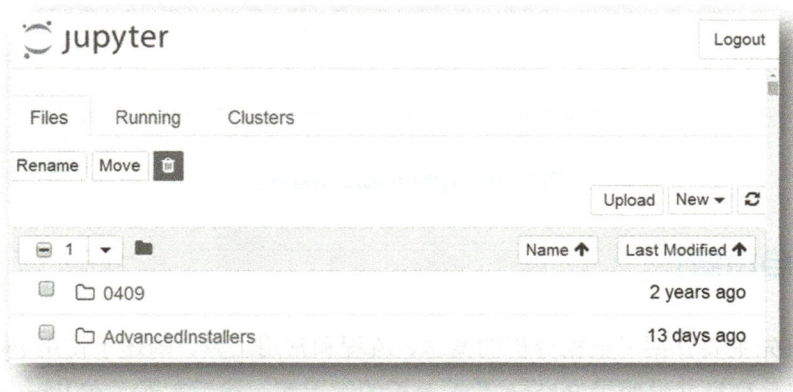

（a）Jupyter Notebook 界面

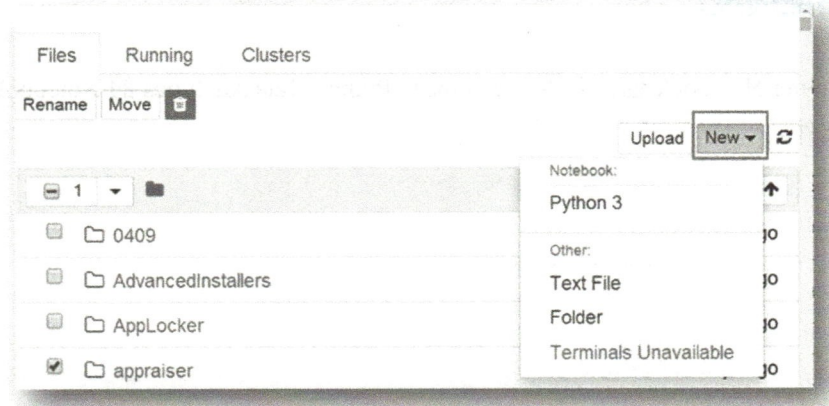

（b）单击"New"下拉按钮弹出的下拉列表

图 1-14　基于 Jupyter Notebook 创建项目文件

（2）在弹出的下拉列表中，选择需要创建的 Jupyter Notebook 类型。其中，"Text File"表示纯文本型，"Folder"表示文件夹，"Python 3"表示 Python 运行脚本，灰色字体表示不可用项目。选择"Python 3"选项，进入 Python 脚本编辑界面，如图 1-15 所示。

13

数据分析基础

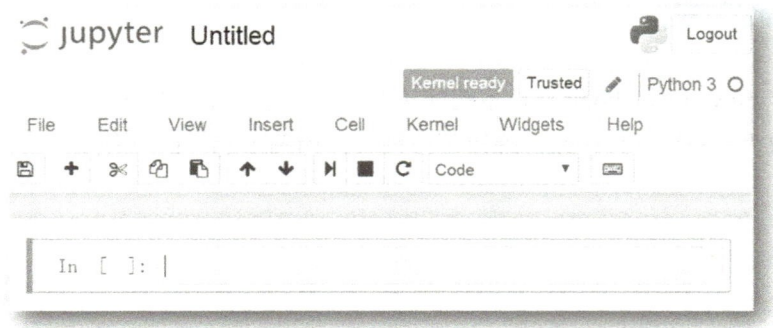

图 1-15　python 脚本编辑界面

【项目小结】

本项目首先主要介绍了数据分析的概念、流程和常用工具，阐述了使用 Python 进行数据分析的优势，列举并说明了 Python 数据分析的常用库；然后实现了在 Windows 和 Linux 系统中搭建 Anaconda 环境；最后介绍了 Python 数据分析工具 Jupyter Notebook。

【技能训练】

使用 Jupyter Notebook 创建名为 Welcome to Python Data Analytics 的 Notebook，并将其导出为.py 文件。

项目 2

NumPy 数值计算实战

学习目标

【知识目标】

（1）利用 NumPy 的文件读取/写入函数读取和显示数据。
（2）掌握 NumPy 中排序、去重、生成重复函数的使用方法。
（3）掌握 NumPy 中常用的统计函数的使用方法。

【技能目标】

（1）利用 NumPy 对数据进行读取和写入。
（2）利用 NumPy 对数据进行排序和统计。

【素质目标】

数据分析师不仅需要具备严谨、负责的工作态度，还需要具备缜密的思维，以及较为清晰的逻辑推理能力。有业内大师曾经说过："结构为王。"所谓结构，就是我们经常说的逻辑，无论是说话还是写文章，都要有条理、有目的，不要主次不分。

项目背景

NumPy 是用于数据科学计算的基础模块，不仅可以完成科学计算，还可以作为高效的数据容器，存储和处理大规模矩阵。NumPy 本身没有提供高级的数据分析功能。本项目将介绍如何读取、写入文件，并使用函数进行统计分析。

任务流程

第 1 步：读取并显示常用的数据源文件中的数据。
第 2 步：对读取的数据进行常见的统计分析。

任务 2.1　数据的读取与显示

扫一扫，看微课

【任务描述】

NumPy 的文件读取/写入主要有二进制文件读取/写入和文件列表形式的数据读取/写入两种形式。NumPy 提供了若干函数，可以将读取/写入结果保存到二进制文件或文本文件中。

除此之外，NumPy 还提供了许多从文件中读取数据并将读取的数据转换为数组的方法。

【知识准备】

NumPy 读取/写入二进制文件分别采用 load()和 save()方法，读取文本文件采用 loadtxt()方法，写入文本文件采用 savetxt()方法。学会读取/写入文件是利用 NumPy 进行数据处理的基础。除此之外，NumPy 还提供了很多函数方法将数据转换为常用的数组格式。

【任务实施】

（1）save()函数以二进制的格式保存数据，load()函数从二进制文件中读取数据。save()函数的语法格式如下所示。

```
Numpy.save(file, arr, allow_pickle=True, fix_imports=True)
```

- file 参数接收 str，表示需要保存的文件的名称，需要指定文件保存的路径，若未设置，则保存到默认路径下。
- arr 参数接收 array_like，表示需要保存的数组。
- save()函数将 arr 数组保存到名称为 file 的文件中，文件的扩展名.npy 是系统自动添加的。将二进制数据保存到文件中，代码如下所示。

```
In[1]:import numpy as np   # 导入NumPy
arr = np.arange(100).reshape(10, 10)   # 创建一个数组
np.save('D:\Anaconda\csv/save_arr', arr)   # 保存数组
```

```
print('保存的数组为: \n', arr)
Out[1]: 保存的数组为:
[[ 0  1  2  3  4  5  6  7  8  9]
 [10 11 12 13 14 15 16 17 18 19]
 [20 21 22 23 24 25 26 27 28 29]
 [30 31 32 33 34 35 36 37 38 39]
 [40 41 42 43 44 45 46 47 48 49]
 [50 51 52 53 54 55 56 57 58 59]
 [60 61 62 63 64 65 66 67 68 69]
 [70 71 72 73 74 75 76 77 78 79]
 [80 81 82 83 84 85 86 87 88 89]
 [90 91 92 93 94 95 96 97 98 99]]
```

（2）若要将多个数组保存到一个文件中，则可以使用 savez()函数，其文件的扩展名为.npz，代码如下所示。

```
In[2]:arr1 = np.array([[1, 3, 5], [2, 4, 6]])
arr2 = np.arange(10, 20, 2)
np.savez('D:\Anaconda\csv/savez_arr', arr1, arr2)
print('保存的数组1为: ', arr1)
print('保存的数组2为: ', arr2)
Out[2]: 保存的数组1为:   [[1 3 5] [2 4 6]]
保存的数组2为:   [10 12 14 16 18]
```

（3）当需要读取二进制文件时，可以使用 load()函数，用文件名作为参数，存储时可以省略扩展名，但读取时不能省略扩展名，代码如下所示。

```
In[3]:# 读取含单个数组的文件
loaded_data = np.load('D:\Anaconda\csv/save_arr.npy')
print('读取的数组为: \n', loaded_data)
Out[3]:读取的数组为: [[ 0  1  2  3  4  5  6  7  8  9]
 [10 11 12 13 14 15 16 17 18 19][20 21 22 23 24 25 26 27 28 29]
 [30 31 32 33 34 35 36 37 38 39][40 41 42 43 44 45 46 47 48 49]
 [50 51 52 53 54 55 56 57 58 59][60 61 62 63 64 65 66 67 68 69]
 [70 71 72 73 74 75 76 77 78 79][80 81 82 83 84 85 86 87 88 89]
 [90 91 92 93 94 95 96 97 98 99]]
In[4]:loaded_data1 = np.load('D:\Anaconda\csv/savez_arr.npz')
print('读取的数组1为: \n', loaded_data1['arr_0'])
print('读取的数组2为: ', loaded_data1['arr_1'])
Out[4]: 读取的数组1为: [[1 3 5][2 4 6]]
读取的数组2为:   [10 12 14 16 18]
```

（4）在实际的数据分析任务中，更多的是使用文本格式的数据，如 TXT 格式或 CSV 格式的数据，因此通常会使用 savetxt()函数、loadtxt()函数和 genfromtxt()函数执行读取文本格式数据的任务。

savetxt()函数可将数组写到以某种分隔符隔开的文本文件中，基本使用格式如下所示。

```
Numpy.savetxt(fname, X, fmt='%.18e', delimiter=' ', newline='\n', header='',
footer='', comments='# ', encoding=None)
```

- fname 参数接收 str,表示文件名。
- X 参数接收 array_like,表示数组数据。
- delimiter 参数接收 str,表示数据分隔符。

loadtxt()函数执行的是相反的操作,即将文件加载到一个二维数组中,基本使用格式如下所示。

```
Numpy.loadtxt(fname, dtype=<class 'float'>, comments='#', delimiter=None,
converters=None, skiprows=0, usecols=None, unpack=False, ndmin=0,
encoding='bytes', max_rows=None, *, like=None)
```

- loadtxt()函数的常用参数主要有两个,分别是 fname 和 delimiter。
- fname 参数接收 str,表示需要读取的文件、文件名或生成器。
- delimiter 参数接收 str,表示分隔数据的分隔符。对文件进行存储与读取,代码如下所示。

```
In[5]:arr = np.arange(10, 15, 0.5).reshape(5, -1)
print('创建的数组为: \n', arr)
# fmt='%d'表示保存为整数
np.savetxt('D:\Anaconda\csv/arr.txt', arr, fmt='%d', delimiter=',')
# 读入文件需要指定以逗号分隔
loaded_data = np.loadtxt('D:\Anaconda\csv/arr.txt', delimiter=',')
print('读取的数组为: \n', loaded_data)
Out[5]: 创建的数组为: [[10. 10.5] [11. 11.5][12. 12.5]
 [13. 13.5][14. 14.5]]
读取的数组为: [[10. 10.] [11. 11.] [12. 12.]
 [13. 13.][14. 14.]]
```

任务 2.2 利用 NumPy 进行统计分析

扫一扫,看微课

【任务描述】

在 NumPy 中,数组计算十分简单和快速,通常比 Python 数组计算快得多,特别是在进行数组统计和分析时。利用 NumPy 中常见的函数进行统计分析还可以对数据进行排序、去重等操作。

【知识准备】

在 NumPy 中,除了可以使用通用函数对数组进行比较、逻辑运算等,还可以使用统计函数对数组进行排序、去重、求最大值、求最小值及求平均值等统计分析。

【任务实施】

1. 排序函数

NumPy 的排序方式主要分为直接排序和间接排序两种。直接排序是指对数据直接进行排序；间接排序是指根据一个或多个键对数据集进行排序。

在 NumPy 中，直接排序通常使用 sort()函数，间接排序通常使用 argsort()函数和 lexsort()函数，代码如下所示。

```
In[6]:np.random.seed(42)   # 设置随机种子
arr = np.random.randint(1, 10, size=10)   # 生成随机数组
print('创建的数组为：', arr)
arr.sort()   # 直接排序
print('排序后数组为：', arr)
Out[6]: 创建的数组为： [7 4 8 5 7 3 7 8 5 4]
排序后数组为： [3 4 4 5 5 7 7 7 8 8]
```

sort()函数是较为常用的排序方法，无返回值。若目标函数是一个视图，则原数据会被修改。当使用 sort()函数进行排序时，用户可以指定一个 axis 参数，使 sort()函数可以沿着指定轴对数据集进行排序，代码如下所示。

```
In[7]:np.random.seed(42)   # 设置随机种子
arr = np.random.randint(1, 10, size=(3, 3))   # 生成3行3列的随机数组
print('创建的数组为：\n', arr)
arr.sort(axis=1)   # 沿着横轴排序
print('排序后数组为：\n', arr)
arr.sort(axis=0)   # 沿着纵轴排序
print('排序后数组为：\n', arr)
Out[7]: 创建的数组为： [[4 5 7][8 3 1][7 9 6]]
排序后数组为： [[4 5 7][1 3 8][6 7 9]]
排序后数组为： [[1 3 7][4 5 8][6 7 9]]
```

使用 argsort()函数和 lexsort()函数，可以在给定一个或多个键时，得到一个由整数构成的索引数组，索引值表示数据在新的序列中的位置，代码如下所示。

```
In[8]:arr = np.array([5, 7, 6, 9, 0,4])
print('创建的数组为：', arr)
print('排序后数组为：', arr.argsort())   # 返回值为重新排序值的下标
Out[8]: 创建的数组为： [5 7 6 9 0 4]
排序后数组为： [4 5 0 2 1 3]
```

lexsort()函数可以一次性对满足多个键的数组执行间接排序，代码如下所示。

```
In[9]:a = np.array([3, 2, 6, 4, 5])
b = np.array([50, 30, 40, 20, 10])
c = np.array([400, 300, 600, 100, 200])
d = np.lexsort((a, b, c))   # lexsort()函数只接收一个参数，即(a,b,c)
# 多个键值排序是按照最后一个传入数据计算的
print('排序后数组为：\n', list(zip(a[d], b[d], c[d])))
```

19

Out[9]: 排序后数组为: [(4, 20, 100), (5, 10, 200), (2, 30, 300), (3, 50, 400), (6, 40, 600)]

2. 删除重复值与生成重复值

在统计分析的工作中，难免会存在"脏数据"。重复数据就是"脏数据"的情况之一。如果一个一个地手动删除"脏数据"，会耗时、费力且效率低。在 NumPy 中，可以通过 unique() 函数查找出数组中的唯一值并返回已排序的结果，代码如下所示。

```
In[10]: # 创建数值型数据
ints = np.array([1, 2, 3, 4, 4, 5, 6, 6, 7, 8, 8, 9, 10])
print('创建的数组为: ', ints)
print('去重后的数组为: ', np.unique(ints))
Out[10]: 创建的数组为: [ 1  2  3  4  4  5  6  6  7  8  8  9 10]
去重后的数组为: [ 1  2  3  4  5  6  7  8  9 10]
```

在统计分析的工作中，经常遇到需要将一个数据或数组生成多次的情况。在 NumPy 中，主要使用 tile() 函数和 repeat() 函数实现数据重复操作，代码如下所示。

```
In[11]: arr = np.arange(5)
print('创建的数组为: ', arr)
print('重复后数组为: ', np.tile(arr, 3))  # 对数组进行重复操作
Out[11]: 创建的数组为: [0 1 2 3 4]
重复后数组为: [0 1 2 3 4 0 1 2 3 4 0 1 2 3 4]
```

tile() 函数的基本使用格式如下所示。

```
Numpy.tile(AC, reps)
```

- AC 参数接收 array，表示输入的数组。
- reps 参数接收 array，表示指定数组的重复次数。

repeat() 函数的基本使用格式如下所示。

```
Numpy.repeat(AC, reps, axis=None)
```

- AC 参数接收 array，表示输入的数组。
- reps 参数接收 int 或整数数组，表示每个元素的重复次数。
- axis 参数接收 int，表示指定沿着哪个轴进行重复。

使用 repeat() 函数实现数据重复，代码如下所示。

```
In[12]: np.random.seed(42)  # 设置随机种子
arr = np.random.randint(0, 10,size=(3, 3))
print('创建的数组为: \n', arr)
print('重复后数组为: \n', arr.repeat(2, axis=0))# 按行进行元素重复
print('重复后数组为: \n', arr.repeat(2, axis=1))# 按列进行元素重复
Out[12]: 创建的数组为: [[6 3 7][4 6 9][2 6 7]]
重复后数组为: [[6 3 7][6 3 7][4 6 9][4 6 9][2 6 7][2 6 7]]
重复后数组为: [[6 6 3 3 7 7][4 4 6 6 9 9][2 2 6 6 7 7]]
```

注意：tile() 函数和 repeat() 函数的主要区别在于，tile() 函数可以对整个数组进行重复操作，repeat() 函数可以对数组中的每个元素进行重复操作。

3. NumPy 中常用的统计函数

在 NumPy 中，有许多用于统计分析的函数，常见的统计函数有 sum()、mean()、min()、max()、std()、和 var()等。NumPy 中常用的统计函数及说明如表 2-1 所示。

- 几乎所有的统计函数在针对二维数组进行计算时都需要注意轴的概念。
- 当 axis 参数为 0 时，表示沿着纵轴进行计算；当 axis 参数为 1 时，表示沿着横轴进行计算。
- 在默认情况下，函数并不按照任意一个轴进行计算，而是计算一个总值。

表 2-1　NumPy 中常用的统计函数及说明

函数名称	用途说明
sum()	计算数组的和
mean()	计算数组的平均值
min()	计算数组元素中的最小值
max()	计算数组元素中的最大值
std()	计算数组的标准差
var()	计算数组的方差
argmin()	返回数组中最小值的索引
argmax()	返回数组中最大值的索引
cumsum()	返回数组中所有元素的累计和
cumprod()	返回数组中所有元素的累计积

使用常用的统计函数，代码如下所示。

```
In[13]: arr = np.arange(20).reshape(4, 5)
print('创建的数组为：\n', arr)
print('数组的和为: ', np.sum(arr))   # 计算数组的和
print('数组横轴的和为: ', arr.sum(axis=0))   # 沿着横轴计算数组的和
print('数组纵轴的和为: ', arr.sum(axis=1))   # 沿着纵轴计算数组的和
print('数组的平均值为: ', np.mean(arr))   # 计算数组的平均值
print('数组横轴的平均值为: ', arr.mean(axis=0))   # 沿着横轴计算数组的平均值
print('数组纵轴的平均值为: ', arr.mean(axis=1))   # 沿着纵轴计算数组的平均值
print('数组的标准差为: ', np.std(arr))   # 计算数组的标准差
print('数组的方差为: ', np.var(arr))   # 计算数组的方差
print('数组的最小值为: ', np.min(arr))   # 计算数组元素中的最小值
print('数组的最大值为: ', np.max(arr))   # 计算数组元素中的最大值
print('数组的最小元素为: ', np.argmin(arr))   # 返回数组中最小元素的索引
print('数组的最大元素为: ', np.argmax(arr))   # 返回数组中最大元素的索引
Out[13]: 创建的数组为： [[ 0  1  2  3  4][ 5  6  7  8  9][10 11 12 13 14][15 16 17 18 19]]
数组的和为： 190
数组横轴的和为： [30 34 38 42 46]
数组纵轴的和为： [10 35 60 85]
数组的平均值为： 9.5
```

```
数组横轴的平均值为：  [ 7.5  8.5  9.5 10.5 11.5]
数组纵轴的平均值为：  [ 2.  7. 12. 17.]
数组的标准差为：  5.766281297335398
数组的方差为：  33.25
数组的最小值为：  0
数组的最大值为：  19
数组的最小元素为：  0
数组的最大元素为：  19
```

上面代码中的统计函数的计算都是聚合计算，并且在代码下面会直接显示计算的最终结果。在 NumPy 中，cumsum()函数和 cumprod()函数采用不聚合计算，产生一个由中间结果组成的数组，代码如下所示。

```
In[14]: arr = np.arange(2, 10)
print('创建的数组为：', arr)
print('数组元素的累计和为：', np.cumsum(arr))   # 计算所有元素的累计和
print('数组元素的累计积为：\n', np.cumprod(arr))  # 计算所有元素的累计积
Out[14]: 创建的数组为： [2 3 4 5 6 7 8 9]
数组元素的累计和为： [ 2  5  9 14 20 27 35 44]
数组元素的累计积为：
 [     2      6     24    120    720   5040  40320 362880]
```

【项目小结】

本项目主要阐述了 NumPy 的文件读取/写入函数的使用方法，以及利用 NumPy 进行数据统计分析的常用函数，包括排序函数、重复函数等。

【技能训练】

1．使用 NumPy 创建一个 9×9 的数独矩阵。要求：每行和每列的数字都是 1~9，并且每行数据不同，每列数据不同。

2．使用大于符号比较两个数组，并且分别计算两个数组的累计积。

项目 3

pandas 统计分析实战

学习目标

【知识目标】

（1）掌握常见的数据读取方式。
（2）掌握 DataFrame 常用的属性与方法。
（3）掌握基础时间数据处理方法。
（4）掌握分组聚合的原理与方法。

【技能目标】

（1）掌握 pandas 常见的数据读取方式。
（2）掌握使用 pandas 增加、删除、查看、修改 DataFrame 数据。
（3）掌握提取时间序列数据信息的方法。
（4）掌握使用 groupby()方法拆分数据和使用 agg()方法聚合数据。

【素质目标】

在做数据分析的工作时，有自己的想法固然是重要的，但是有些"前车之鉴"也是非常有借鉴意义的，这能更好地帮助数据分析师迅速成长，因此模仿是一个快速获得学习成果且较为有效的方法。这里说的模仿主要是参考他人优秀的分析思路及方法，而不是直接"照搬"。成功的模仿需要领会他人方法中的精髓，理解其分析的原理，从而透过事物的表面来看到实质。

项目背景

统计分析是数据分析的重要组成部分,几乎贯穿整个数据分析的过程。统计分析是将定性问题与定量问题进行结合的分析方法,除了包括对单一的数值型特征进行统计,还包括特征之间的比较等。本项目通过利用 pandas 对餐饮订单数据进行统计分析实战。

任务流程

第 1 步:使用 pandas 读取餐饮订单数据。
第 2 步:对餐饮订单信息表中的数据进行 DataFrame 转换。
第 3 步:使用行、列索引查看数据子集。
第 4 步:使用 pandas 中的函数生成餐饮订单数据的销售额。
第 5 步:按时间统计销售额。
第 6 步:按菜品拆分销售额数据。

任务 3.1 从 CSV 文件中读取餐饮订单数据

扫一扫,看微课

【任务描述】

数据读取是进行数据预处理、分析与建模的前提。对于不同的数据源,pandas 提供了不同的函数进行读取。pandas 提供了十多种不同数据源的读取函数和对应的数据源写入函数。这里介绍两种常见的数据源数据的读取/写入函数。这两种数据源分别是文本文件(包括文本文件和 CSV 文件)、Excel 文件。这里以餐饮信息数据为例,方便学习。

【知识准备】

1. 认识 pandas

pandas 是 Python 的核心数据分析支持库,提供了灵活、明确的数据结构,旨在简单、直观地处理关系型、标记型数据。同时,由于 pandas 建造在 NumPy 之上,因此 pandas 在以 NumPy 为中心的应用中得以容易地使用,而 pandas 在与其他第三方科学计算支持库结合时,也能够完美地进行集成。

在 Python 中,pandas 的功能十分强大,可以提供高性能的矩阵运算,也可以用于数据挖掘和数据分析,还提供数据清洗功能;支持类似于 SQL 的数据增加、删除、查看、修改操作,并且有丰富的数据处理函数;支持时间序列分析功能;支持灵活处理缺失数据等。

pandas 有两个常用的数据结构，即 Series 和 DataFrame，使用这两个数据结构能够处理大多数的统计分析问题。

（1）Series（一维数据）是一种类似于一维数组的对象，由一组数据（各种 NumPy 数据类型）及一组与其相关的数据标签（索引）组成，而仅由一组数据也可产生简单的 Series 对象。

（2）DataFrame 是 pandas 中的一个表格型的数据结构，包含一组有序的列，每列可以是不同的值类型（数值、字符串、布尔型等）。DataFrame 既有行索引也有列索引，可以被看作由 Series 组成的字典。

2. 读取/写入文本文件

文本文件是一种由若干行字符构成的计算机文件，也是一种典型的顺序文件。

CSV 是一种用分隔符分隔的文件格式，因为其分隔符不一定是","，所以又被称为字符分隔文件。

文本文件以纯文本形式存储表格数据（数字和文本），是一种通用、相对简单的文件格式，最广泛的应用是在程序之间转移表格数据，而这些程序本身是在不兼容的格式上进行操作的。

由于大量程序都支持 CSV 或其变体，因此 CSV 或其变体可以作为大多数程序的输入和输出格式。

【任务实施】

1. 读取文本文件

CSV 文件根据其定义也是一种文本文件。在数据读取的过程中，可以使用文本文件的读取函数对 CSV 文件进行读取。若文本文件是 CSV 文件，则可以使用读取 CSV 文件的函数进行读取。

pandas 提供了 read_table()函数读取文本文件，提供了 read_csv()函数读取 CSV 文件。read_table()函数和 read_csv()函数的基本使用格式（部分参数）如下所示。

```
pandas.read_table(filepath, sep=<no_default>, header='infer',
encoding='gbk',names=<no_default>, index_col=None, dtype=None, engine=None,
nrows=None, skiprows=None)
pandas.read_csv(filepath, sep=<no_default>, header='infer', encoding='utf-
8',names=<no_default>, index_col=None, dtype=None, engine=None, nrows=None,
skiprows=None)
```

read_table()函数和 read_csv()函数的许多数参数相同，其常用的参数及说明如表 3-1 所示。

表 3-1　read_table()函数和 read_csv()函数常用的参数及说明

参数名称	用途说明
filepath	接收 str，表示文件路径，无默认值
sep	接收 str，表示分隔符，read_csv()函数默认为,，read_table()函数默认为制表符 Tab
names	接收 array，表示列名，无默认值
index_col	接收 int、sequence 或 False，表示索引列的位置，若取值为 sequence，则代表多重索引，默认为 None
dtype	接收字典形式的列名或 type name，表示写入的数据类型（列名为 key，数据格式为 values），默认为 None
nrows	接收 int，要读取的文件行数，默认为 None
encoding	接收文件的编码格式，常用的有 UTF-8 和 GBK

下面以某餐饮店的信息表为例，介绍读取文本文件的方法。该餐饮店的主要数据特征为 detail_id、order_id、dishes_id、logicprn_name、parent_class_name、dishes_name、itemis_add、counts、amounts、cost、place_order_time 等，部分订单信息如图 3-1 所示。

detail_id	order_id	dishes_id	logicprn_n	parent_clas	dishes_nar	itemis_add	counts	amounts	cost	place_order_time
2956	417	610062	NA	NA	蒜蓉生蚝	0	1	49	NA	2016/8/1 11:05
2958	417	609957	NA	NA	烤羊腿	0	1	48	NA	2016/8/1 11:07
2961	417	609950	NA	NA	大蒜苋菜	0	1	30	NA	2016/8/1 11:07
2966	417	610038	NA	NA	芝麻烤紫	0	1	25	NA	2016/8/1 11:11
2968	417	610003	NA	NA	蒜香包	0	1	13	NA	2016/8/1 11:11
1899	301	610019	NA	NA	白斩鸡	0	1	88	NA	2016/8/1 11:15
1902	301	609991	NA	NA	香烤牛排	0	1	55	NA	2016/8/1 11:19
1906	301	609983	NA	NA	干锅田鸡	0	1	88	NA	2016/8/1 11:22
1907	301	609981	NA	NA	桂圆枸杞	0	1	48	NA	2016/8/1 11:22
1908	301	610030	NA	NA	番茄有机	0	1	32	NA	2016/8/1 11:23
1910	301	610011	NA	NA	白饭/大碗	0	1	10	NA	2016/8/1 11:31
2916	413	609966	NA	NA	芝士烩波	0	1	175	NA	2016/8/1 12:42
2919	413	609965	NA	NA	葱姜炒蟹	0	1	109	NA	2016/8/1 12:43
2921	413	609936	NA	NA	皮蛋瘦肉	0	1	16	NA	2016/8/1 12:43
2923	413	609978	NA	NA	爆炒鳝碌	0	1	55	NA	2016/8/1 12:44
2925	413	609983	NA	NA	干锅田鸡	0	1	88	NA	2016/8/1 12:44
2927	413	610050	NA	NA	番茄甘蓝	0	1	33	NA	2016/8/1 12:45
2926	413	609984	NA	NA	重庆特色	0	1	69	NA	2016/8/1 12:45
2928	413	610013	NA	NA	番茄炖秋	0	1	35	NA	2016/8/1 12:46
2930	413	610032	NA	NA	长城窖酿	0	1	35	NA	2016/8/1 12:48
2932	413	609973	NA	NA	紫薯面包	0	1	20	NA	2016/8/1 12:49

图 3-1　某餐饮店的部分订单信息

根据餐饮订单信息表，分别使用 read_table()函数和 read_csv()函数读取数据，代码如下所示。

```
In[1]:import pandas as pd
# 使用read_table()函数读取餐饮订单信息表
order = pd.read_table('D:\Anaconda\order1.csv', sep=',', encoding='gbk')
print('使用read_table()函数读取餐饮订单信息表的长度为: ', len(order))
# 使用read_csv()函数读取餐饮订单信息表
order1 = pd.read_csv('D:\Anaconda\order1.csv', encoding='gbk')
```

```
print('使用read_csv()函数读取餐饮订单信息表的长度为: ', len(order1))
Out[1]: 使用read_table()函数读取餐饮订单信息表的长度为: 2779
使用read_csv()函数读取餐饮订单信息表的长度为: 2779
```

在使用 read_table()函数和 read_csv()函数时，应注意以下几点。

- sep 参数是指定文本的分隔符，如果分隔符指定错误，在读取数据时，每一行数据将连成一片。
- header 参数用于指定列名，如果其值是 None，将添加一个默认的列名。
- encoding 参数代表文件的编码格式，常用的编码格式有 UTF-8、UTF-16、GBK、GB2312、GB18030 等。如果编码指定错误，数据将无法读取，IPython 解释器会报解析错误。改变 read_table()函数和 read_csv()函数中的参数，读取餐饮订单信息表，具体代码如下所示。

```
In[2]:order2 = pd.read_table('D:\Anaconda\order1.csv', sep=';',
encoding='gbk')
print('使用read_table()函数读取餐饮订单信息表的长度为: ', order2)

# 使用read_csv()函数读取餐饮订单信息表
order3 = pd.read_csv('D:\Anaconda\order1.csv',
sep=',',header=None,encoding='gbk')
print('使用read_csv()函数读取餐饮订单信息表的长度为: ', order3)
Out[2]: 使用read_table()函数读取餐饮订单信息表的长度为:
detail_id,order_id,dishes_id,logicprn_name,parent_class_name,dishes_name,itemi
s_add,counts,amounts,cost,place_order_time,discount_amt,discount_reason,kick_b
ack,add_inprice,add_info,bar_code,picture_file,emp_id
0     2956,417,610062,NA,NA,蒜蓉生蚝,0,1,49,NA,2016/8/1 …
1     2958,417,609957,NA,NA,烤羊腿,0,1,48,NA,2016/8/1…
2     2966,417,610038,NA,NA,芝麻烤紫菜,0,1,25,NA,2016/8/1…
3     2968,417,610003,NA,NA,蒜香包,0,1,13,NA,2016/8/1 1…
        …
2774  6750,774,610011,NA,NA,白饭/大碗,0,1,10,NA,2016/8/1…
2775  6742,774,609996,NA,NA,牛尾汤,0,1,40,NA,2016/8/10…
2776  6756,774,609949,NA,NA,意文柠檬汁 ,0,1,13,NA,2016/8/…

      …
[2779 rows x 1 columns]


使用read_csv()函数读取餐饮订单信息表的长度为:
0    detail_id  order_id  dishes_id  logicprn_name  parent_class_name
1        2956       417     610062            NaN                NaN
2        2958       417     609957            NaN                NaN
3        2961       417     609950            NaN                NaN
4        2966       417     610038            NaN                NaN
…           …         …          …              …                  …
```

2775	6750	774	610011	NaN	NaN
2776	6742	774	609996	NaN	NaN
2777	6756	774	609949	NaN	NaN
2778	6763	774	610014	NaN	NaN
2779	6764	774	610017	NaN	NaN

[2780 rows x 19 columns]

2. 写入文本文件

文本文件存储的方法和文件读取的方法类似，对于结构化数据，可以通过 pandas 中的 to_csv()方法实现以 CSV 格式存储。to_csv()方法同样具有许多参数，如果有多个<expression>，则表达式之间用逗号隔开，基本使用格式如下所示。

```
DataFrame.to_csv(path=None, sep=',', na_rep='', columns=None, header=True,
index=True, index_label=None, mode='w', encoding=None)
```

to_csv()方法常用的参数及说明如表 3-2 所示。

表 3-2　to_csv()方法常用的参数及说明

参数名称	用途说明
path	接收 str，表示文件路径，默认为 None
sep	接收 str，表示分隔符，默认为 ","
na_rep	接收 str，表示缺失值，默认为 ""
header	接收 bool 或列表形式的 str，表示是否将列名写出
index	接收 bool，表示是否将行名（索引）写出，默认为 True
mode	接收特定 str，表示数据写入模式
encoding	接收特定 str，表示存储文件的编码格式，默认为 None

使用 to_csv()方法将餐饮订单信息表写入 CSV 文件，代码如下所示。

```
In[3]:import os
print('餐饮订单信息表写入文本文件前，目录内文件列表为：\n',
os.listdir('D:\Anaconda\csv'))
# 将order以CSV格式存储
order.to_csv('D:\Anaconda\csv\orderInfo.csv', sep=';', index=False)
print('餐饮订单信息表写入文本文件后，目录内文件列表为：\n',
os.listdir('D:\Anaconda\csv'))
Out[3]：餐饮订单信息表写入文本文件前，目录内文件列表为：
['arr.txt', 'oedre1.xlsx', 'order.csv', 'savez_arr.npz', 'save_arr.npy']
餐饮订单信息表写入文本文件后，目录内文件列表为：
['arr.txt', 'oedre1.xlsx', 'order.csv', 'orderInfo.csv', 'savez_arr.npz',
'save_arr.npy']
```

3. 读取/写入 Excel 文件

Excel 是微软公司 Office 办公软件的组件之一，可以对数据进行处理、统计分析等操作，广泛应用于管理、金融等各个领域。

项目 3　pandas 统计分析实战

1）读取 Excel 文件

pandas 提供的 read_excel()函数可以读取"xls"和"xlsx"两种 Excel 文件，基本使用格式如下所示。

```
pandas.read_excel(path, sheet_name=0, header=0, names=None, index_col=None,
dtype=None, skiprows=None)
```

read_excel()函数常用的参数及说明如表 3-3 所示。

表 3-3　read_excel()函数常用的参数及说明

参数名称	用途说明
path	接收 str，表示文件路径，无默认值
sheet_name	接收 str、int、list 或 None，表示 Excel 表内数据的分表位置，默认为 0
header	接收 int 或列表形式的 int，表示将某行数据作为列名。若传递整数列表，则行位置将合并为 MultiIndex；若没有表头，则使用 None
names	接收 array，表示要使用的列名列表，默认为 None
index_col	接收 int 或列表形式的 int，表示将列索引用作 DataFrame 的行索引，默认为 None
dtype	接收 dict，表示写入的数据类型（列名为 key，数据格式为 values），默认为 None
skiprows	接收 list、int 或 callable，表示读取数据开头跳过的行数，默认为 None

使用 read_excel()函数读取餐饮订单信息表中的数据，代码如下所示。

```
In[4]order = pd.read_excel('D:\Anaconda/order1.xlsx')
print('餐饮订单信息表长度为: ', len(order))
Out[4]: 餐饮订单信息表长度为:  2779
```

2）写入 Excel 文件

将数据写入 excel 文件，方法与前面写入 CSV 文件类似，可以使用 to_excel()方法，其基本格式如下所示。

```
DataFrame.to_excel(path, sheet_name='Sheet1', na_rep='', columns=None,
header=True, index=True, index_label=None, encoding=None)
```

to_excel()方法常用的参数及说明如表 3-4 所示。

表 3-4　to_excel()方法常用的参数及说明

参数名称	用途说明
path	接收 str，表示文件路径，无默认值
sheet_name	接收 str，表示 Excel 文件中工作簿的名称，默认为 Sheet1
na_rep	接收 str，表示缺失值，默认为 ""
columns	接收列表形式的 str 或 sequence，表示写出的列名
header	接收 bool 或列表形式的 str，表示是否将列名写出
index	接收 bool，表示是否将行名（索引）写出，默认为 True
encoding	接收特定 str，表示存储文件的编码格式，默认为 None

使用 to_excel()方法把餐饮订单信息表写入 Excel 文件，代码如下所示。

数据分析基础

```
In[5]print('餐饮订单信息表写入Excel文件前，目录内文件列表为：\n',
os.listdir('D:\Anaconda\csv'))
order.to_excel('D:\Anaconda\csv/order.xlsx')
print('餐饮订单信息表写入Excel文件后，目录内文件列表为：\n',
os.listdir('D:\Anaconda\csv'))
Out[5]：餐饮订单信息表写入Excel文件前，目录内文件列表为：
 ['arr.txt', 'oedre1.xlsx', 'order.csv', 'orderInfo.csv', 'savez_arr.npz',
'save_arr.npy']
餐饮订单信息表写入Excel文件后，目录内文件列表为：
 ['arr.txt', 'oedre1.xlsx', 'order.csv', 'order.xlsx', 'orderInfo.csv',
'savez_arr.npz', 'save_arr.npy']
```

任务 3.2　创建餐饮订单数据的 DataFrame

【任务描述】

扫一扫，看微课

DataFrame 是 pandas 常见的操作对象。在使用数据读取函数后，数据将以 DataFrame 数据结构存储在内存中。但是，此时并不能直接开始统计分析，需要先使用 DataFrame 的属性与方法对数据进行了解，再进行分析。

【知识准备】

查看 DataFrame 的常用属性

DataFrame 的基础属性如下所示。

- values：可以获取元素。
- index：可以获取索引。
- columns：可以获取列名。
- dtypes：可以获取类型。

分别查看餐饮订单信息表中的 4 个基本属性，代码如下所示。

```
In[6]:import pandas as pd
order = pd.read_csv('D:\Anaconda\order1.csv', encoding='gbk')
print('餐饮订单信息表的索引为: ', order.index)
print('餐饮订单信息表的元素为: \n', order.values)
print('餐饮订单信息表的列名为: \n', order.columns)
print('餐饮订单信息表的数据类型为: \n', order.dtypes)
Out[6]：餐饮订单信息表的索引为： RangeIndex(start=0, stop=2779,step=1)
餐饮订单信息表的元素值为：
 [[2956 417 610062 … n'n 'caipu/104001.'pg' 1442]
 [2958 417 609957 … n'n 'caipu/202003.'pg' 1442]
 [2961 417 609950 … n'n 'caipu/303001.'pg' 1442]
```

```
...
[6756 774 609949 ... n'n 'caipu/404005.'pg' 1138]
[6763 774 610014 ... n'n 'caipu/302003.'pg' 1138]
[6764 774 610017 ... n'n 'caipu/302006.'pg' 1138]]
```
餐饮订单信息表的列名为：
```
Index(['detail_id', 'order_id', 'dishes_id', 'logicprn_name',
    'parent_class_name', 'dishes_name', 'itemis_add', 'counts', 'amounts',
'cost', 'place_order_time', 'discount_amt', 'discount_reason',
    'kick_back', 'add_inprice', 'add_info', 'bar_code', 'picture_file',
    'emp_id'],
    dtype='object')
```
餐饮订单信息表的数据类型为：
```
detail_id              int64
order_id               int64
dishes_id              int64
logicprn_name          float64
parent_class_name      float64
dishes_name            object
itemis_add             int64
counts                 int64
amounts                int64
cost                   float64
        ...
picture_file           object
emp_id                 int64
dtype: object
```

除了上述 4 个基本属性，还可以通过 size、ndim 和 shape 属性获取 DataFrame 的元素个数、维度数和数据形状（行和列的数目），代码如下所示。

```
In[7]:# 查看DataFrame的元素个数、维度数、数据形状
print('餐饮订单信息表的元素个数为: ', order.size)
print('餐饮订单信息表的维度数为: ', order.ndim)
print('餐饮订单信息表的数据形状为: ', order.shape)
Out[7]: 餐饮订单信息表的元素个数为：  52801
餐饮订单信息表的维度数为：  2
餐饮订单信息表的形状为：  (2779, 19)
```

【任务实施】

DataFrame 的单列数据为一个 Series。根据 DataFrame 的定义可知，DataFrame 是一个有标签的二维数组，每个标签相当于每列的列名。只要以字典访问某个 key 的值的方式，使用对应的列名，即可实现单列数据的访问。除了可以使用字典访问的方式来访问内部数据，还可以使用访问属性的方式来访问数据，代码如下所示。

```
In[8]:# 使用字典访问的方式取出order中的某一列
order_id = order['order_id']
print('餐饮订单信息表中的order_id列的数据形状为: ', order_id.shape)
Out[8]: 餐饮订单信息表中的order_id列的数据形状为: (2779,)
```

使用以上两种方式均可以获得DataFrame中某一列的数据，但是使用访问属性的方式访问数据并不建议使用。由于在多数情况下，数据的列名是英文的，以属性的方式对某一列的数据形状和DataFrame属性进行访问，其方法和使用的格式相同，难免存在部分列名和pandas提供的方法相同，因此会引起程序混乱，也会使得代码晦涩难懂。

当访问DataFrame中的某一列的某几行时，单独一列的DataFrame可以被视为一个Series（pandas提供的另一种类型，可以被看作只有一列的DataFrame），而访问一个Series的方法和访问一个一维的ndarray的方法相同，代码如下所示。

```
In[9]:detail_id5 = order['detail_id'][:5]
print('餐饮订单信息表中detail_id列的前5个元素为: \n', detail_id5)
Out[9]: 餐饮订单信息表中detail_id列的前5个元素为:
0    2956
1    2958
2    2961
3    2966
4    2968
Name: detail_id, dtype: int64
```

在访问DataFrame中的多列数据时，可以将多个列索引名称放入一个列表。同时，访问DataFrame的多列数据中的多行数据和访问单列数据中的多行数据的方法基本相同，代码如下所示。

```
In[10]:order_id_detail_id = order[['order_id', 'detail_id']][:5]
print('餐饮订单信息表中order_id列和detail_id列的前5个元素为: \n', order_id_detail_id)
Out[10]: 餐饮订单信息表中order_id列和detail_id列的前5个元素为:
   order_id  detail_id
0       417       2956
1       417       2958
2       417       2961
3       417       2966
4       417       2968
```

如果需要访问DataFrame中的某几行数据，实现方法和上述的访问多列多行的方法相似，选择所有列，使用":"代替即可，代码如下所示。餐饮订单信息表的第1～6行元素如图3-2所示。

```
In[11]:order5 = order[:][1:6]
print('餐饮订单信息表的1～6行元素为: \n', order5)
Out[11]:餐饮订单信息表的1～6行元素为:
```

	detail_id	order_id	dishes_id	logicprn_name	parent_class_name	dishes_name	itemis_add	counts	amounts	cost	place_order_time
1	2958	417	609957	NaN	NaN	烤羊腿	0	1	48	NaN	2016/8/1 11:07
2	2961	417	609950	NaN	NaN	大蒜苋菜	0	1	30	NaN	2016/8/1 11:07
3	2966	417	610038	NaN	NaN	芝麻烤紫菜	0	1	25	NaN	2016/8/1 11:11
4	2968	417	610003	NaN	NaN	蒜香包	0	1	13	NaN	2016/8/1 11:11
5	1899	301	610019	NaN	NaN	白斩鸡	0	1	88	NaN	2016/8/1 11:15

图 3-2　餐饮订单信息表的第 1～6 行元素

除了使用上述方法得到多行数据，使用 DataFrame 提供的 head()方法和 tail()方法也可以得到多行数据，但是这两种方法得到的数据都是从开始或末尾获取的连续数据，代码如下所示。

```
In[12]:print('餐饮订单信息表中前5行数据为：\n', order.head(5))
print('餐饮订单信息表中后5行数据为：\n', order.tail(5))
Out[12]:
餐饮订单信息表中前5行数据为：
   detail_id  order_id  dishes_id  logicprn_name  parent_class_name  \
0       2956       417     610062            NaN                NaN
1       2958       417     609957            NaN                NaN
2       2961       417     609950            NaN                NaN
3       2966       417     610038            NaN                NaN
4       2968       417     610003            NaN                NaN
   discount_amt  discount_reason  kick_back  add_inprice  add_info  bar_code
0           NaN              NaN        NaN            0       NaN       NaN
1           NaN              NaN        NaN            0       NaN       NaN
2           NaN              NaN        NaN            0       NaN       NaN
3           NaN              NaN        NaN            0       NaN       NaN
4           NaN              NaN        NaN            0       NaN       NaN
餐饮订单信息表中后5行数据为：
      detail_id  order_id  dishes_id  logicprn_name  parent_class_name  \
2774       6750       774     610011            NaN                NaN
2775       6742       774     609996            NaN                NaN
2776       6756       774     609949            NaN                NaN
2777       6763       774     610014            NaN                NaN
2778       6764       774     610017            NaN                NaN
      discount_amt  discount_reason  kick_back  add_inprice  add_info  \
2774           NaN              NaN        NaN            0       NaN
2775           NaN              NaN        NaN            0       NaN
2776           NaN              NaN        NaN            0       NaN
2777           NaN              NaN        NaN            0       NaN
2778           NaN              NaN        NaN            0       NaN
```

这里 head()方法和 tail()方法使用的都是默认参数，所以访问的是前、后 5 行。在方法后的"()"中输入访问行数，即可查看目标行数。

任务 3.3 利用行列索引查看餐饮订单数据的子集

【任务描述】

DataFrame 的数据查看与访问基本方法虽然能够基本满足数据查看要求，但是终究不够灵活，pandas 提供了 loc()和 iloc()两种以行列索引的方法来实现数据访问。

【知识准备】

loc()方法是针对 DataFrame 索引名称的切片方法，如果传入的不是索引名称，切片操作将无法执行。利用 loc()方法，能够实现所有单层索引切片操作。loc()方法的基本使用格式如下所示。

```
DataFrame.loc[行索引名称或条件, 列索引名称]
```

使用 loc()方法，代码如下所示。

```
In[13]:order_id1 = order.loc[:, 'order_id']
print('使用loc()方法提取order_id列的size为: ', order_id1.size)
Out[13]: 使用loc()方法提取order_id列的size为： 2779
```

iloc()方法和 local()方法的区别在于，iloc()方法接收的必须是行索引和列索引的位置。iloc()方法的基本使用格式如下所示。

```
DataFrame.iloc[行索引位置, 列索引位置]
```

使用 iloc()方法，代码如下所示。

```
In[14]:order_id2 = order.iloc[:, 3]
print('使用iloc()方法提取第3列的size为: ', order_id2.size)
Out[14]: 使用iloc()方法提取第3列的size为： 2779
```

【任务实施】

使用 loc()方法和 iloc()方法可以对 DataFrame 进行多种操作。

（1）单列切片：具体代码如前述所示。

（2）多列切片：原理是将多列的列名或位置作为一个列表或数据传入，代码如下所示。

```
In[15]:order_id_detail_id1 = order.loc[:, ['order_id', 'detail_id']]
print('使用loc()方法提取order_id列和detail_id列的size为: ', order_id_detail_id1.size)
order_id_detail_id2 = order.iloc[:, [1, 3]]
print('使用iloc()方法提取第1列和第3列的size为: ', order_id_detail_id2.size)
Out[15]: 使用loc()方法提取order_id列和detail_id列的size为： 5558
使用iloc()方法提取第1列和第3列的size为： 5558
```

（3）取出 DataFrame 中的任意数据，代码如下所示。

```
In[16]:print('列名为order_id列和detail_id的行名为3的数据为: \n',
    order.loc[3, ['order_id', 'detail_id']])
```

```
print('列名为order_id和detail_id,行名为2,3,4,5,6的数据为: \n',
      order.loc[2: 6, ['order_id', 'detail_id']])
print('列位置为1和3,行位置为3的数据为: \n', order.iloc[3, [1, 3]])
print('列位置为1和3,行位置为2,3,4,5,6的数据为: \n',
      order.iloc[2: 7, [1, 3]])
```
```
Out[16]: 列名为order_id和detail_id的行名为3的数据为:
order_id      417
detail_id    2966
Name: 3, dtype: object
列名为order_id和detail_id,行名为2,3,4,5,6的数据为:
   order_id  detail_id
2       417       2961
3       417       2966
4       417       2968
5       301       1899
6       301       1902
列位置为1和3,行位置为3的数据为:
 order_id          417
 logicprn_name     NaN
Name: 3, dtype: object
列位置为1和3,行位置为2,3,4,5,6的数据为:
   order_id  logicprn_name
2       417            NaN
3       417            NaN
4       417            NaN
5       301            NaN
6       301            NaN
```

从上述段代码中可以看出,在使用 loc() 方法时,如果内部传入的行索引名称为一个区间,前后均为闭区间,而在使用 iloc() 方法时,若内部传入的行索引位置或列索引位置为一个区间,则前为闭区间后为开区间。

loc() 方法的内部还可以传入表达式,结果会返回满足表达式的所有值,代码如下所示。

```
# 传入表达式
In[17]print('order中detail_id列为"2956"的order_id列为: \n',
      order.loc[order['detail_id']=='2956',['order_id','detail_id']])
Out[17]: order中detail_id列为"2956"的order_id为:
 Empty DataFrame
Columns: [order_id, detail_id]
Index: []

In[18]:print('order中detail_id列为"2956"的第1列和第4列数据为: \n',
      order.iloc[order['detail_id'] == '2956', [1 4]])
Out[18]: NotImplementedError: iLocation based boolean indexing on an integer
type is not available
```

iloc() 方法不能接收表达式,原因在于其可以接收的数据类型不包括 Series。根据 Series

的构成,应取出该 Series 的 values,代码如下所示。

```
In[19]:print('order中detail_id列为"2956"的第1列和第4列数据为:\n',
     order.iloc[(order['detail_id'] == '2956').values, [1, 4]])
Out[19]: order中detail_id列为"2956"的第1列和第4列数据为:
 Empty DataFrame
Columns: [order_id, parent_class_name]
Index: []
```

总体来说,loc()方法更加灵活多变,代码的可读性更强;iloc()方法的代码简洁,但可读性不强。在数据分析工作中,具体使用哪一种方法,应根据情况而定,大多数情况下建议使用 loc()方法。

任务 3.4　生成餐饮订单数据的销售额

【任务描述】

描述性统计是用于概括、表述事物整体状况,以及事物之间的关联、类属关系的统计方法,通过几个统计值可简洁地表示一组数据的集中趋势和离散程度等。pandas 对两种不同的数据特征使用了不同的方法。

【知识准备】

数值型特征的描述性统计主要包括计算数值型数据的最小值、平均值、中位数、最大值、四分位数、极差、标准差、方差、协方差和变异系数等。

在 NumPy 中,已经提到了为数不少的统计函数,为方便读者查看,编者在代码中将 NumPy 简写为 np,部分描述性统计函数如表 3-5 所示。

表 3-5　NumPy 中的部分描述性统计函数

函数名称	函数说明	函数名称	函数说明
np.min()	最小值	np.max()	最大值
np.mean()	平均值	np.ptp()	极差
np.median()	中位数	np.std()	标准差
np.var()	方差	np.cov()	协方差

【任务实施】

由于 pandas 是基于 NumPy 的,自然可以使用表中的统计函数对数据进行描述性统计。通过 np.mean()函数求销售数量的平均值(amounts 列),代码如下所示。

```
In[20]:import numpy as np
```

```
print('餐饮订单信息表中amounts列的平均值为: ',
    np.mean(order['amounts']))
Out[20]: 餐饮订单信息表中amounts列的平均值为: 45.33717164447643
```

使用np.sum()函数求销售的总数，代码如下所示。

```
In[21]:import numpy as np
print('餐饮订单信息表中amounts列的总数为: ',
    np.sum(order['counts']))
Out[21]: 餐饮订单信息表中amounts列的总数为: 3088
```

pandas提供了更加便利的方法进行数值型数据的统计。在NumPy中，计算某列的总数可以通过np.sum()函数来实现，也可以通过pandas中的方法来实现，代码如下所示。

```
In[22]:print('餐饮订单信息表中counts列的总数为: ',
    order['counts'].sum())
Out[22]: 餐饮订单信息表中counts列的总数为: 3088
```

作为专门为数据分析而生的Python库，pandas提供了一个describe()方法，能够一次性计算出数据中所有数值型特征，如非空值数目、平均值、四分位数、标准差、最大值和最小值，实现过程的代码如下所示。

```
In[23]:print('餐饮订单信息表counts列的描述性统计为: \n',
    order['counts'].describe())
Out[23]: 餐饮订单信息表counts列的描述性统计为:
count     2779.000000
mean         1.111191
std          0.625428
min          1.000000
25%          1.000000
50%          1.000000
75%          1.000000
max         10.000000
Name: counts, dtype: float64
```

pandas提供了一些与统计相关的主要方法，这些方法能够满足绝大多数数据分析所需的数值型特征的描述性统计工作，部分描述性统计函数如表3-6所示。

表3-6 pandas中的部分描述性统计函数

函数名称	函数说明	函数名称	函数说明
min()	最小值	max()	最大值
mean()	平均值	ptp()	极差
median()	中位数	std()	标准差
var()	方差	cov()	协方差
sem()	标准误差	mode()	众数
skew()	样本偏度	kurt()	样本峰度
quantile()	分位数	count()	非空值数目
describe()	描述性统计	mad()	平均绝对离差

数据分析基础

类别型特征的描述性统计

描述类别型特征的分布状况，可以使用频数统计。在 pandas 中，实现频数统计的方法为 value_counts()。对餐饮订单信息表中的菜品（dishe_name 列）进行频数统计，代码如下所示。

```
In[24]:print('餐饮订单信息表dishes_name列频数统计结果为：\n',
    order['dishes_name'].value_counts())
Out[24]: 餐饮订单信息表dishes_name列频数统计结果为：
白饭/大碗           92
凉拌菠菜           77
谷稻小庄           72
麻辣小龙虾          65
白饭/小碗           60
                 ...
三丝鳝鱼            2
咖啡奶香面包          2
铁板牛肉            2
冰镇花螺            1
百里香奶油烤红酒牛肉       1
Name: dishes_name, Length: 145, dtype: int64
```

除了可以使用 value_counts()方法分析频率分布，还可以使用 pandas 提供的 category 类中的 astype()方法将目标特征的数据类型转换为 category 类型，代码如下所示。

```
In[25]:order['dishes_name'] = order['dishes_name'].astype('category')
print('餐饮订单信息表dishes_name列转变数据类型后为：',
    order['dishes_name'].dtypes)
Out[25]: 餐饮订单信息表dishes_name列转变数据类型后为： category
```

describe()方法除了支持传统数值型数据，还支持对 category 类型的数据进行描述性统计，4 个统计量分别是列非空元素的数目、类别的数目、数目最多的类别、数目最多类别的数目，代码如下所示。

```
In[26]:print('餐饮订单信息表dishes_name列的描述性统计结果为：\n',
    order['dishes_name'].describe())
Out[26]: 餐饮订单信息表dishes_name列的描述性统计结果为：
count      2779
unique      145
top      白饭/大碗
freq         92
Name: dishes_name, dtype: object
```

任务 3.5　按给定的时间周期统计菜品或餐饮店的销售额

【任务描述】

数据分析的对象不仅包括数值型和类别型两种，常用的数据类型还包括时间类型。通过时间类型数据能够获取对应的年、月、日等信息，但是时间类型数据在 Python 程序中常常以字符串的形式显示，无法直接对其进行与时间相关的分析。pandas 继承了 NumPy 中的 datetime64 和 timedelta64 模块，能够快速地实现对时间字符串进行转换、信息提取等操作。

【知识准备】

在大多数情况下，对时间类型数据进行分析的前提就是将原本为字符串的时间转换为标准时间。pandas 继承了 NumPy 和 datetime 库的时间相关模块，提供了 6 种与时间相关的类，如表 3-7 所示。

表 3-7 pandas 中与时间相关的类

类名称	用途说明
Timestamp	最基础的时间类，表示某个时间点，绝大多数场景中的时间数据都是 Timestamp 形式的
Period	表示某个时间段，如某一天、某一小时等
Timedelta	表示不同单位的时间，如 1d、1.5h、3min、4s 等，而非具体的某个时间段
DatetimeIndex	由一组 Timestamp 构成的 Index，可以用作 Series 或 DataFrame 的索引
PeriodtimeIndex	由一组 Period 构成的 Index，可以用作 Series 或 DataFrame 的索引
TimedeltaIndex	由一组 Timedelta 构成的 Index，可以用作 Series 或 DataFrame 的索引

Timestamp 是时间类中较为基础的，也是较为常用的类。在大多数情况下，通常会将与时间相关的字符串转换为 Timestamp。pandas 提供的 to_datetime()函数，能够将与时间相关的字符串转换为 Timestamp。to_datetime()函数的基本使用格式如下所示。

```
pandas.to_datetime(arg, errors='raise', dayfirst=False, yearfirst=False,
utc=None, format=None, exact=True, unit=None, infer_datetime_format=False,
origin='unix', cache=True)
```

to_datetime()函数常用的参数及说明如表 3-8 所示。

表 3-8 to_datetime()函数常用的参数及说明

参数名称	参数说明
arg	接收 str、int、float、list、tuple、datetime 或 array，表示需要转换的时间日期对象，无默认值
errors	接收 ignore、raise、coerce，表示无效解析，默认为 raise
dayfirst\yearfirst	接收 bool，表示指定日期的解析顺序，默认为 False

【任务实施】

将餐饮订单信息表中 place_order_time 列的数据类型转换为标准时间类型，代码如下所示。

```
In[27]:import pandas as pd
order = pd.read_table('D:\Anaconda\order1.csv', sep=',', encoding='gbk')
```

39

```
# 输出转换前的原始place_order_time列的数据类型
print('转换前place_order_time列的数据类型为: ', order['place_order_time'].dtypes)
# 使用to_datetime()函数将place_order_time列的数据类型转换为标准时间类型
order['place_order_time'] = pd.to_datetime(order['place_order_time'])
print('转换后place_order_time列的数据类型为: ', order['place_order_time'].dtypes)
Out[27]: 转换前place_order_time列的数据类型为:  object
转换后place_order_time列的数据类型为:  datetime64[ns]
```

除了可以将数据从原始 DataFrame 中直接转换为 Timestamp 格式，还可以将数据单独提取出来，并将其转换为 DatetimeIndex 格式或 PeriodIndex 格式。DatetimeIndex 和 PeriodIndex 在日常使用的过程中并无太大区别。

- DatetimeIndex 是用于指代一系列时间点的数据结构。
- PeriodIndex 是用于指代一系列时间段的数据结构。

DatetimeIndex 的基本使用格式如下所示。

```
class pandas.DatetimeIndex(data=None, freq=<no_default>, tz=None,
normalize=False, closed=None, ambiguous='raise', dayfirst=False,
yearfirst=False, dtype=None, copy=False, name=None)
```

DatetimeIndex 可以用于转换数据，还可以用于创建时间序列数据，常用的参数及说明如表 3-9 所示。

表 3-9　DatetimeIndex 常用的参数及说明

参数	参数说明
data	接收类数组，表示用可选的类似于日期、时间的数据来构造索引，默认为 None
freq	接收 str，表示一种 pandas 周期字符串或相应的对象，无默认值
tz	接收时区或 str，表示设置数据的时区，默认为 None
dtype	接收 np.dtype、DatetimeTZDtype 或 str，表示数据类型，默认为 None

PeriodIndex 的基本使用格式如下所示。

```
class pandas.PeriodIndex(data=None, ordinal=None, freq=None, dtype=None,
copy=False, name=None, **fields)
```

PeriodIndex 可以用于转换数据，还可以用于创建时间序列数据，常用的参数及说明如表 3-10 所示。

表 3-10　PeriodIndex 常用的参数及说明

参数	参数说明
data	接收类数组，表示用可选的类似于周期的数据来构造索引，默认为 None
freq	接收 str，表示一种 pandas 周期字符串或相应的对象，默认为 None
dtype	接收 str 或 PeriodDtype，表示数据类型，默认为 None

将时间字符串转换为 DatetimeIndex 和 PeriodIndex 类型，代码如下所示。

```
In[28]: # 将place_order_time列的数据格式转换为DateimeIndex格式
datetimeIndex = pd.DatetimeIndex(order['place_order_time'])
print('转换为DatetimeIndex格式后数据的类型为: \n', type(datetimeIndex))
```

```
# 将place_order_time列的数据格式转换为PeriodIndex格式
periodIndex = pd.PeriodIndex(order['place_order_time'], freq='S')
print('转换为PeriodIndex格式后数据的类型为：\n', type(periodIndex))
Out[28]: 转换为DatetimeIndex格式后数据的类型为：
 <class 'pandas.core.indexes.datetimes.DatetimeIndex'>
转换为PeriodIndex格式后数据的类型为：
 <class 'pandas.core.indexes.period.PeriodIndex'>
```

1. 提取时间序列数据

在多数涉及与时间相关的数据处理、统计分析的过程中，都需要提取时间中的年份、月份等数据，使用对应的 Timestamp 类属性就能实现这一操作，其常用的类属性及说明如表 3-11 所示。

表 3-11　Timestamp 常用的类属性及说明

属性名称	属性说明	属性名称	属性说明
year	年	week	星期
Month	月	quarter	季节
day	天	weekofyear	一年中第几周
date	日期	dayofyear	一年中的第几天
hour	小时	dayofweek	一周第几天
minute	分钟	weekday	一周第几天
second	秒	is_leap_year	是否闰年

Python 列表推导式（快速生成一个满足需求的列表，其语法格式为[表达式 for 迭代器变量 in 可迭代对象[if 条件表达式]]），可以实现对 DataFrame 某一列数据的读取。例如，提取餐饮订单信息表中 place_order_time 列中的年份、月份、日期，代码如下所示。

```
In[29]:year1 = [i.year for i in order['place_order_time']]
print('place_order_time列中的年份数据前5个为： ', year1[:5])
month1 = [i.month for i in order['place_order_time']]
print('place_order_time列中的月份数据前5个为： ', month1[:5])
day1 = [i.day for i in order['place_order_time']]
print('place_order_time列中的日期数据前5个为： ', day1[:5])
Out[29]:
place_order_time列中的年份数据前5个为： [2016, 2016, 2016, 2016, 2016]
place_order_time列中的月份数据前5个为： [8, 8, 8, 8, 8]
place_order_time列中的日期数据前5个为： [1, 1, 1, 1, 1]
```

2. 加减时间数据

时间数据的算术运算在现实中随处可见，如 2020 年 1 月 1 日减一天就是 2019 年 12 月 31 日。pandas 的时间数据和现实生活中的时间数据一样可以做运算，这涉及 pandas 的 Timedelta 类。

Timedelta 是时间相关类中的一个异类，不仅能使用正数表示单位时间（如 1s、2min、

3h 等），还能使用负数表示单位时间。使用 Timedelta 类和常规的时间相关类能够轻松实现时间的算术运算。目前，在 Timedelta 类的时间周期中没有年和月，所有周期名称、对应单位及其说明如表 3-12 所示。（注：这里单位采用的是程序定义的符合，可能与标准单位符号不一致）

表 3-12　Timedelta 类的时间周期名称、对应单位及说明

周期名称	单位	说明	周期名称	单位	说明
weeks	无	星期	days	D	天数
hours	h	小时	minutes	m	分
seconds	s	秒	milliseconds	ms	毫秒
microseconds	us	微秒	nanoseconds	ns	纳秒

使用 Timedelta 类可以实现在某个时间上加减一段时间，代码如下所示。

```
In[30]:# 将place_order_time列中的数据向后平移一天
time1 = order['place_order_time'] + pd.Timedelta(days=1)
print('place_order_time列加上一天前前5行数据为：\n', order['place_order_time'][:5])
print('place_order_time列加上一天后前5行数据为：\n', time1[:5])
Out[30]: place_order_time列加上一天前前5行数据为：
0    2016-08-01 11:05:00
1    2016-08-01 11:07:00
2    2016-08-01 11:07:00
3    2016-08-01 11:11:00
4    2016-08-01 11:11:00
Name: place_order_time, dtype: datetime64[ns]
place_order_time列加上一天后前5行数据为：
0    2016-08-02 11:05:00
1    2016-08-02 11:07:00
2    2016-08-02 11:07:00
3    2016-08-02 11:11:00
4    2016-08-02 11:11:00
Name: place_order_time, dtype: datetime64[ns]
```

使用 Timedelta 类可以将两个时间序列相减，从而得到一个 Timedelta 对象，代码如下所示。

```
In[31]:# 将place_order_time列中的数据与指定的时间数据相减
timeDelta = order['place_order_time'] - pd.to_datetime('2020-1-1')
print('place_order_time列减去2020年1月1日0点0时0分后的数据为：\n', timeDelta[:5])
print('place_order_time列减去time1后的数据类型为：', timeDelta.dtypes)

Out[31]: place_order_time列减去2020年1月1日0点0时0分后的数据为：
0   -1248 days +11:05:00
1   -1248 days +11:07:00
2   -1248 days +11:07:00
3   -1248 days +11:11:00
```

```
4    -1248 days +11:11:00
Name: place_order_time, dtype: timedelta64[ns]
place_order_time列减去time1后的数据类型为： timedelta64[ns]
```

任务 3.6　按菜品拆分销售额数据

【任务描述】

依据某个或某些特征对数据集进行分组，并对各组应用同一种操作，无论是聚合还是转换，都是数据分析的常用操作。pandas 提供了高效的 groupby()方法，该方法配合 agg()方法或 apply()方法，能够实现分组聚合操作。

【知识准备】

1. 使用 groupby()方法对数据进行分组

groupby()方法提供的是分组聚合步骤中的拆分功能，能够根据索引或特征对数据进行分组，基本使用格式如下所示。

```
DataFrame.groupby(os=None, axis=0, level=None, as_index=True, sort=True, 
group_keys=True, squeeze=<no_default>, observed=False, dropna=True)
```

groupby()方法常用的参数及说明如表 3-13 所示。

表 3-13　groupby()方法常用的参数及说明

参数	参数说明
os	接收 list、str、mapping、function 或 generator，表示确定进行分组的依据，若传入的是一个函数，则对索引进行计算并分组；若传入的是一个字典或 Series，则字典或 Series 的值作为分组依据；若传入的是一个 NumPy 数组，则数据的元素作为分组依据；若传入的是字符串或字符串列表，则使用这些字符串所代表的特征作为分组依据，其默认为 None
axis	接收 0 或 1，表示操作的轴向，默认为 0
level	接收 int 或索引名，表示标签所在级别，默认为 None
as_index	接收 bool，表示聚合后的聚合标签是否以 DataFrame 索引形式输出，默认为 True
sort	接收 bool，表示是否对分组依据、分组标签进行排序，默认为 True
group_keys	接收 bool，表示是否显示分组标签的名称，默认为 True

2. 使用 agg()方法对数据进行聚合

agg()方法和 aggregate()方法都支持对每个分组应用某函数，包括 Python 内置函数或自定义函数。同时，这两个方法能够直接对 DataFrame 进行函数应用操作。

DataFrame 的 agg()方法和 aggregate()方法的基本使用格式如下所示。

```
DataFrame.agg(func, axis=0, *args, **kwargs)
```

```
DataFrame.aggregate(func, axis=0, *args, **kwargs)
```

agg()方法和aggregate()方法常用的参数及说明如表3-14所示。

表3-14 agg()方法和aggregate()方法常用的参数及说明

参数	参数说明
func	接收list、dict、function或str，表示聚合数据的函数，无默认值
axis	接收0或1，表示操作的轴向，默认为0

在正常使用过程中，agg()方法和aggregate()方法对DataFrame对象操作时的功能几乎完全相同，因此掌握其中一个方法即可。

3. 使用apply()方法对数据进行聚合

apply()方法类似于agg()方法，能够将函数应用于每一列。这两个方法的不同之处在于，apply()方法传入的函数只能作用于整个DataFrame或Series，而无法像agg()方法一样能对不同特征应用、不同函数获取不同结果。

apply()方法的基本使用格式如下所示。

```
DataFrame.apply(func, axis=0, raw=False, result_type=None, args=(),**kwargs)
```

apply()方法常用的参数及说明如表3-15所示。

表3-15 apply()方法常用的参数及说明

参数	参数说明
func	接收functions，表示应用于每行或每列的函数，无默认值
axis	接收0或1，表示操作的轴向，默认为0
raw	接收bool，表示是否直接将ndarray对象传递给函数，默认为False

【任务实施】

（1）以餐饮订单数据为例，依据餐饮店的名称对数据进行分组，代码如下所示。

```
In[32]:import pandas as pd
order = pd.read_csv('D:\Anaconda/order1.csv',encoding='gbk')
orderGroup = order[['dishes_name', 'counts',
'amounts']].groupby(by='dishes_name')
print('分组后的餐饮订单信息表为：', orderGroup)
Out[32]：分组后的餐饮订单信息表为：<pandas.core.groupby.generic.DataFrameGroupBy
object at 0x000001CD58B379D0>
```

分组后的结果并不能直接查看，而是被存在内存中，输出的是内存地址。实际上，分组后的数据对象groupby类似于Series与DataFrame，是pandas提供的一种对象。

groupby对象常用的描述性统计方法及说明如表3-16所示。

表 3-16 groupby 对象常用的描述性统计方法及说明

方法	方法说明	方法	方法说明
count()	返回各组的计数值，不包括缺失值	cumcount()	对每个分组中的组员进行标记，0～n-1
head()	返回每组的前 n 个值	size()	返回每组的大小
max()	返回每组的最大值	min()	返回每组的最小值
mean()	返回每组的平均值	std()	返回每组的标准差
median()	返回每组的中位数	sum()	返回每组的和

表 3-16 中的方法为查看每组数据的整体分布情况提供了支持。对餐饮订单信息表进行分组操作后，求出销售前十的平均值、标准差、大小，代码如下所示。

```
In[33]:print('餐饮订单信息表分组后前5组每组的平均值为: \n',
       orderGroup.mean().head())
Out[33]: 餐饮订单信息表分组后前5组每组的平均值为:
dishes_name      counts      amounts

42度海之蓝        1.666667      99.0
北冰洋汽水        1.956522       5.0
38度剑南春        1.000000      80.0
50度古井贡酒      1.000000      90.0
52度泸州老窖      1.000000     159.0

In[34]:print('餐饮订单信息表分组后前5组每组的标准差为: \n',
       orderGroup.std().head())
Out[34]: 餐饮订单信息表分组后前5组每组的标准差为:

dishes_name      counts     amounts
42度海之蓝       1.154701      0.0
北冰洋汽水       1.364427      0.0
38度剑南春       0.000000      0.0
50度古井贡酒     0.000000      0.0
52度泸州老窖     0.000000      0.0

In[35]:print('餐饮订单信息表分组后前5组每组的大小为: \n',
       orderGroup.size().head())
Out[35]: 餐饮订单信息表分组后前5组每组的大小为:
 dishes_name
42度海之蓝        3
北冰洋汽水       23
38度剑南春        6
50度古井贡酒      5
52度泸州老窖      8
dtype: int64
```

（2）以餐饮订单信息表为例，使用 agg() 方法一次求出当前数据中所有订单的销售数量、销售价格的总和与平均值，代码如下所示。

```
In[36]:import numpy as np
print('销售价格的总和与平均值为: \n',
      order[['counts', 'amounts']].agg([np.sum, np.mean]))
Out[36]:销售价格的总和与平均值为:
          counts        amounts
sum     3088.000000   125992.000000
mean       1.111191       45.337172
```

在使用 agg() 方法时，对某个特征只希望做求平均值操作，而对另一个特征则只希望做求和操作。此时，需要使用字典的方式，先将两个特征名分别作为 key，再将 NumPy 的求和与求平均值的函数分别作为 value，代码如下所示。

```
In[37]:print('餐饮订单信息表中各道菜品的销售数量总和与销售价格的平均值为: \n',
      order.agg({'counts': np.sum, 'amounts': np.mean}))
Out[37]:餐饮订单信息表中各道菜品的销售数量总和与销售价格的平均值为:
counts      3088.000000
amounts       45.337172
dtype: float64
```

若想要求出某个特征的多个统计量，以及某些特征的一个统计量，则先将字典对应 key 的 value 转换为列表，再将列表元素转换为多个目标的统计量，代码如下所示。

```
In[38]:print('餐饮订单信息表中各道菜品的销售数量总和与销售价格的平均值为: \n',
      order.agg({'counts': np.sum, 'amounts': [np.mean, np.sum]}))
Out[38]: 餐饮订单信息表中各道菜品的销售数量总和与销售价格的平均值为:
         counts        amounts
sum     3088.0      125992.000000
mean      NaN           45.337172
```

以上代码都使用了 NumPy 中的统计函数。在 agg() 方法中，可以传入自定义的函数，代码如下所示。

```
In[39]:# 自定义函数求两倍的总和
def DoubleSum(data):
    s = data.sum() * 2
    return s
print('餐饮订单信息表的实际销售价格两倍的总和为: \n',
      order.agg({'amounts': DoubleSum}, axis=0))
Out[39]: 餐饮订单信息表的实际销售价格两倍的总和为:
 amounts    251984
dtype: int64
```

需要特别注意的是，NumPy 中的 np.mean() 函数、np.median() 函数、np.prod() 函数、np.sum() 函数、np.std() 函数和 np.var() 函数能够在 agg() 方法中直接使用。在自定义函数中，使用 NumPy 中的这些函数进行计算时，若计算的是单个序列，则无法得到正确的结果；若同时计算多列数据，则可以得到正确的结果，代码如下所示。

```
In[40]:def DoubleSum1(data):
    s = np.sum(data) * 2
    return s
```

```
print('餐饮订单信息表的销售数量两倍的总和为: \n',
     order.agg({'counts': DoubleSum1}, axis=0).head())

print('餐饮订单信息表中记录的销售数量与实际销售价格的总和的两倍为: \n',
     order[['counts', 'amounts']].agg(DoubleSum1))
```
Out[40]: 餐饮订单信息表的销售数量两倍的总和为:
```
   counts
0     2
1     2
2     2
3     2
4     2
```
餐饮订单信息表中记录的销售数量与实际销售价格的总和的两倍为:
```
counts      6176
amounts   251984
dtype: int64
```

agg()方法也能实现对每个特征的每组使用相同的函数,代码如下所示。

In[41]:`print('餐饮订单信息表分组后前5组每组的平均值为: \n',`
        `orderGroup.agg(np.mean).head(5))`
Out[41]: 餐饮订单信息表分组后前5组每组的平均值为:

dishes_name	counts	amounts
42度海之蓝	1.666667	99.0
北冰洋汽水	1.956522	5.0
38度剑南春	1.000000	80.0
50度古井贡酒	1.000000	90.0
52度泸州老窖	1.000000	159.0

对不同的特征应用不同的函数与在 DataFrame 中使用 agg()方法的方法相同,代码如下所示。

In[42]:`print('餐饮订单信息表分组前5组每种销售形式的记录数和销售价格的平均值为:`
`\n',orderGroup.agg([('counts', 'count'),`
                  `('amounts', 'mean')]).head(5))`
Out[42]: 餐饮订单信息表分组前5组每种销售形式的记录数和销售价格的平均值为:

dishes_name	counts	amounts	counts	amounts
42度海之蓝	3	1.666667	3	99.0
北冰洋汽水	23	1.956522	23	5.0
38度剑南春	6	1.000000	6	80.0
50度古井贡酒	5	1.000000	5	90.0
52度泸州老窖	8	1.000000	8	159.0

(3) apply()方法的使用方法与 agg()方法的相同。使用 apply()方法求销售数量和销售价格的平均值,代码如下所示。

In[43]:`print('餐饮订单信息表的销售数量和销售价格的平均值为: \n',`
        `order[['counts', 'amounts']].apply(np.mean))`
Out[43]: 餐饮订单信息表的销售数量和销售价格的平均值为:

```
counts     1.111191
amounts   45.337172
dtype: float64
```

使用 apply()方法对 groupby 对象进行聚合操作的方法与 agg()方法的也相同，但 agg()方法能实现对不同的特征应用不同的函数，而 apply()方法则不能实现，代码如下所示。

```
In[44]:print('餐饮订单信息表分组后前5组每组的平均值为：','\n',
    orderGroup.apply(np.mean).head(5))
print('餐饮订单信息表分组后前5组每组的标准差为：','\n',
    orderGroup.apply(np.std).head(5))
Out[44]: 餐饮订单信息表分组后前5组每组的平均值为：

dishes_name        counts      amounts
42度海之蓝           1.666667     99.0
北冰洋汽水           1.956522      5.0
38度剑南春           1.000000     80.0
50度古井贡酒         1.000000     90.0
52度泸州老窖         1.000000    159.0
餐饮订单信息表分组后前5组中每组的标准差为：

dishes_name        counts      amounts
42度海之蓝           0.942809      0.0
北冰洋汽水           1.334436      0.0
38度剑南春           0.000000      0.0
50度古井贡酒         0.000000      0.0
52度泸州老窖         0.000000      0.0
```

（4）transform()方法能够对 DataFrame 中的所有元素进行操作，基本使用格式如下所示。

```
DataFrame.transform(func, axis=0, *args, **kwargs)
```

transform()方法常用的参数及说明如表 3-17 所示。

表 3-17 transform()方法常用的参数及说明

参数	参数说明
func	接收 functions、str、类列表或类字典，表示用转换的函数，无默认值
axis	接收 0 或 index、1 或 columns，表示操作的轴向，默认为 0

使用 transform()方法对餐饮订单信息表中的销售数量和销售价格进行翻倍，代码如下所示。

```
In[45]:print('餐饮订单信息表销售数量和销售价格的两倍为：\n',
    order[['counts', 'amounts']].transform(
        lambda x: x * 2).head(4))

Out[45]: 餐饮订单信息表销售数量和销售价格的两倍为：
   counts  amounts
0       2       98
```

```
1       2       96
2       2       60
3       2       50
```

【项目小结】

本项目主要阐述了使用 pandas 对 CSV 数据、Excel 数据进行读取与写入的方式,以及 DataFrame 的常用属性及描述性统计的相关内容,介绍了时间数据的转换等,详细地介绍了分组聚合方法 groupby() 的原理、用法和 3 种聚合方法。

【技能训练】

对广州珠江水道水质化验数据表进行读取、描述性统计和聚合。

项目 4

Matplotlib 数据可视化实战

学习目标

【知识目标】

（1）掌握 pyplot 的基础语法。
（2）设置 pyplot 的动态 rc 参数。
（3）了解散点图、折线图、直方图、饼图、箱形图的概念。

【技能目标】

（1）掌握使用 matplotlib.pyplot 绘图的方法。
（2）掌握使用 pyplot()函数绘制散点图、折线图、直方图、饼图、箱形图的方法。

【素质目标】

数据分析师需要将数据转化成高层决策者可以理解的信息。岗位跨度及流程越长，就会有越多不同岗位或角色的人参与进来，只有通过正确地表达自己的要求和分析结果，才能搭建起良好的沟通桥梁，这需要出色的沟通能力。在沟通的过程中，同时听取别人的想法和意见，可以获得更好的思路来帮助自己，进一步完善分析理论，增强自己的说服力。

项目背景

在 Matplotlib 中，应用比较广的是 matplotlib.pyplot（简称 pyplot 模块）。在 matplotlib.

pyplot 中，调用和保存各种状态可跨函数，可以显示当前图形和绘图区域等，并且绘图函数始终指向当前轴域（x 轴和 y 轴围成的区域）。本项目将介绍使用 Matplotlib 绘图的基本语法和常用参数，以及使用 pyplot()函数绘制基本图形的方法。

任务流程

第 1 步：掌握 matplotlib.pyplot 中绘图的相关函数及其用法。
第 2 步：使用 pyplot()函数绘制散点图。
第 3 步：使用 pyplot()函数绘制折线图。
第 4 步：使用 pyplot()函数绘制直方图。
第 5 步：使用 pyplot()函数绘制饼图。
第 6 步：使用 pyplot()函数绘制箱形图。

任务 4.1　基于 pyplot()函数绘制图表和图像

【任务描述】

matplotlib.pyplot 包含了一系列类似于 MATLAB 中绘图函数的相关函数，每个函数会对当前的图像进行一些修改，如产生新的图像、在图像中产生新的绘图区域、在绘图区域中画线、给图像加上标记等。matplotlib.pyplot 会自动记住当前的图像和绘图区域，因此这些函数会直接作用在当前的图像上。

【知识准备】

pyplot 是 Matplotlib 的子库，提供了类似于 MATLAB 的绘图 API。

pyplot 是常用的绘图模块，能很方便地让用户绘制 2D 图表。

pyplot 包含了一系列绘图函数的相关函数，每个函数会对当前的图像进行一些修改。例如，先在原来的图像上做标记，再生成一个新的图像，同时在新的图像中产生一个新的绘图区域等。

【任务实施】

（1）通过(0,0)和(10,100)两个点来绘制折线图，x 轴的点坐标是 0 和 10，y 轴的点坐标是 0,100，如图 4-1 所示。

```
xpoints=np.array([0,10])
ypoints=np.array([0,100])
```

图 4-1　x 轴和 y 轴的点坐标

（2）首先分别将 x 轴的点和 y 轴的点存放到数组中，然后调用 plot()函数将它们绘制在画布上，最后调用 show()函数将画布显示出来，代码如下所示，结果如图 4-2 所示。

```
In[1]:import matplotlib.pyplot as plt
xpoint=np.array([0,10])
ypoint=np.array([0,100])
plt.plot(xpoint,ypoint)
plt.show()
Out[1]:
```

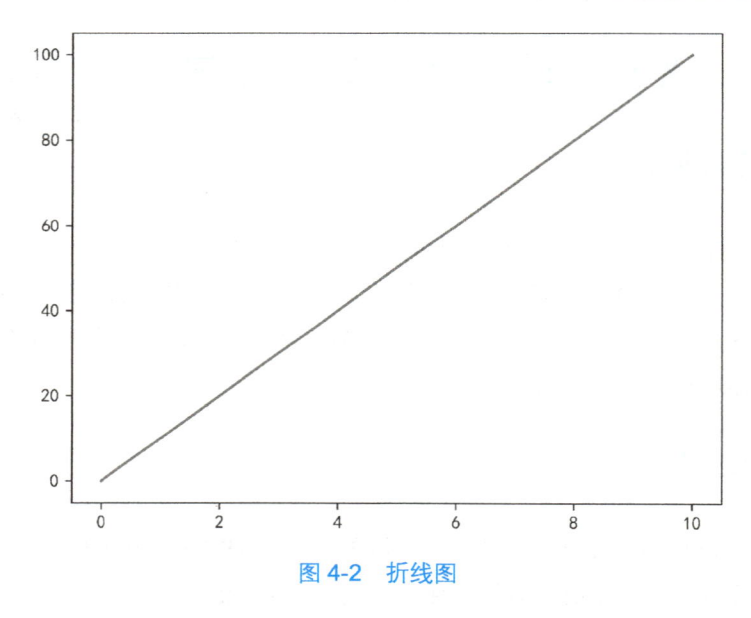

图 4-2　折线图

任务 4.2　绘制餐饮订单数据中日销售额的散点图

【任务描述】

扫一扫，看微课

编写一个程序，实现从餐饮订单数据中获取每日的销售额，并将结果输出到文件中。该程序首先需要读取订单数据文件中的订单信息，包括日期、菜品名称、销售数量和销售价格等；然后根据日期对所有订单进行分组，并计算每个日期的总销售额；最后将统计结果按日期顺序输出到指定的文本文件中，每行包括日期和对应的销售额，并利用 pyplot()函数绘制散点图。

【知识准备】

1. 散点图的概念和意义

散点图是在回归分析中,数据点在直角坐标系平面上的分布图,表示因变量随自变量变化的大致趋势。据此,可以选择合适的函数对数据点进行拟合。

2. 散点图的功能

通过使用两组数据构成多个坐标点,并考察坐标点的分布,可以判断两个变量之间是否存在某种关联或总结坐标点的分布模式。散点图将序列显示为一组点,值由点在图表中的位置表示,类别由图表中的不同标记表示。散点图通常用于比较跨类别的聚合数据。

【任务实施】

(1) 由于餐饮订单信息表中的数据量过于庞大,因此提取 2014 年某月的日销售额数据。新增两列,用于提取月份和天数,代码如下所示。

```
In[2]:df['month']=pd.DatetimeIndex(df['order_date']).month
df['day']=pd.DatetimeIndex(df['order_date']).day
```

(2) 筛选出 2014 年 1 月的数据,代码如下所示。

```
In[3]:Jar=df[(df['dt']==2014)&(df['month']==1)]
[['order_id','sales','dt','month','day']]
Out[3]:
  order_id        sales      dt    month  day
0 CN-2014-100007  1622.600  2014    1      1
1 CN-2014-100001   919.100  2014    1      1
2 CN-2014-100002   284.480  2014    1      1
3 CN-2014-100003   920.976  2014    1      1
4 CN-2014-100004    95.088  2014    1      1
```

(3) 对筛选好的数据按天数进行分组,并对对应的销售额进行聚合,以得到当天总销售额,代码如下所示。

```
In[4]:Jar_Group=Jar[['day','sales']].groupby(by="day").sum().reset_index()
Jar_Group.head(20)
Out[4]:
  day   sales
0  1    7147.504
1  2   11321.380
2  3    7746.032
3  4     678.328
4  6    8274.588
5  7    9216.312
6  8    7253.568
7  9    6286.336
```

数据分析基础

```
8    10   341.600
9    11   1714.440
10   12   2218.440
11   13   26257.980
12   14   5272.540
13   15   9082.038
14   16   2427.040
15   17   4155.340
16   18   16879.632
17   19   418.320
18   20   16409.540
19   21   1090.516
```

（4）绘制日销售额的散点图，代码如下所示，结果如图 4-3 所示。

```
In[5]:plt.scatter(Jar_Group['day'],Jar_Group['sales'])
plt.xlabel('Date')
plt.ylabel('Sales')
plt.title('Daily Sales')
plt.show()
Out[5]:
```

图 4-3　日销售额的散点图

任务 4.3　绘制餐饮订单数据中某家餐饮店月销售额的折线图

【任务描述】

想要统计一家餐饮店的月销售额，需要收集以下数据。

（1）每道菜品的名称和销售价格。

（2）每道菜品的销售数量。

扫一扫，看微课

项目 4　Matplotlib 数据可视化实战

（3）每笔订单的总价和交易时间。

根据上述数据，计算该餐饮店的总月销售额，将销售额按时间、菜品种类等维度进行分析，以及对销售额的变化进行分析，并提出相应的改善方案。

【知识准备】

1. 餐饮订单信息表中销售额的统计

餐饮订单信息表中销售额的统计是对某家餐饮店在一定时间内的订单总金额进行累加的过程。

2. 月销售额的统计流程

月销售额的统计流程包括收集订单数据、计算订单金额和汇总数据。

3. 折线图的概念

排列在工作表的列或行中的数据可以绘制到折线图中。折线图可以显示随时间（根据常用比例设置）变化的连续数据，因此非常适用于显示相等时间间隔下数据的趋势。

在折线图中，类别数据沿水平轴均匀分布，所有值数据沿垂直轴均匀分布。

【任务实施】

（1）为了更方便地处理餐饮订单数据，新增两列，用于提取月份和天数，代码如下所示。

```
In[6]: df['month']=pd.DatetimeIndex(df['order_date']).month
df['day']=pd.DatetimeIndex(df['order_date']).day
```

（2）由于餐饮订单数据的数据量过于庞大并且门店众多，因此提取 2014 年人民店的销售额数据作为示例，代码如下所示，结果如图 4-4 所示。

```
In[7]: df['month']=pd.DatetimeIndex(df['order_date']).month
df['day']=pd.DatetimeIndex(df['order_date']).day
Order_month=df[(df['dt']==2014)&(df['store_name']=='人民店
')][['store_name','sales','dt','month','day']]
Order_month.head()
Out[7]:
```

	store_name	sales	dt	month	day
1	人民店	919.100	2014	1	1
28	人民店	130.620	2014	1	6
32	人民店	682.920	2014	1	6
39	人民店	398.916	2014	1	7
46	人民店	695.800	2014	1	9

图 4-4　2014 年人民店的销售额数据

55

（3）对 2014 年人民店各月销售额进行分组聚合，代码如下所示，结果如图 4-5 所示。

```
In[8]:
RenMin_Order_month=Order_month.groupby(by=['month','store_name']).sum().reset_index()
RenMin_Order_monthex()
Out[8]:
```

	month	store_name	sales	dt	day
0	1	人民店	12192.376	36252	253
1	2	人民店	24528.028	36252	238
2	3	人民店	23553.236	32224	218
3	4	人民店	38296.769	34238	266
4	5	人民店	31425.408	52364	346
5	6	人民店	64605.436	50350	409
6	7	人民店	29673.217	38266	303
7	8	人民店	32330.396	38266	333
8	9	人民店	84823.130	78546	657
9	10	人民店	68566.092	76532	590
10	11	人民店	44174.648	64448	368
11	12	人民店	42231.084	64448	493

图 4-5　2014 年人民店分组聚合后的数据

（4）绘制 2014 年人民店各月销售额的折线图，代码如下所示，结果如图 4-6 所示。

```
In[9]: plt.plot(RenMin_Order_month['month'], RenMin_Order_month['sales'])
plt.show()
Out[9]:
```

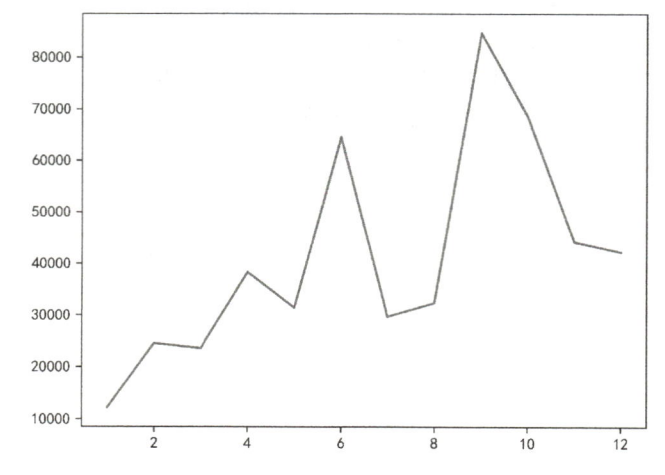

图 4-6　2014 年人民店各月销售额的折线图

任务 4.4　绘制餐饮订单数据中各家餐饮店月销售额的直方图

【任务描述】

利用 Python 中的 Matplotlib，对各家餐饮店在 2014 年内的数据进行聚合统计，并绘制月销售额的直方图。

【知识准备】

直方图（Histogram）又被称为质量分布图，是一种统计报告图，由一系列高度不等的纵向条纹或线段表示数据分布的情况，一般横轴表示数据类型，纵轴表示分布情况。

直方图是数值数据分布的精确图形表示，也是一个连续变量（定量变量）的概率分布的估计，并且被卡尔·皮尔逊（Karl Pearson）首先引入。直方图是一种条形图。为了构建直方图，先将值的范围分段，即将整个值的范围分成一系列间隔，再计算每个间隔中有多少值。这些值通常被指定为连续的，不重叠的变量间隔。间隔必须相邻，并且通常（但不是必需的）大小相等。

直方图可以被归一化，以显示"相对"频率。它显示几个类别中每个类别的比例，其中每个类别的其高度等于 1。

【任务实施】

（1）提取各家餐饮店的店名，代码如下所示。

```
In[10]:Shop_name=list(df['store_name'].unique())
Out[10]: ['定远店', '人民店', '杨店店', '庐江店', '金寨店', '众兴店', '海恒店', '临泉店', '燎原店']
```

（2）提取 2014 年定远店月销售额并进行分组聚合，代码如下所示，结果如图 4-7 所示。

```
In[11]: dy=df[(df['store_name']=='定远店')&(df['dt']==2014)]
[['store_name','sales','dt','month']]
dy_group=dy[['store_name','sales','month']].
groupby(by=['month','store_name']).sum().reset_index()
dy_group
Out[11]:
```

（3）绘制 2014 年定远店月销售额的直方图，代码如下所示，结果如图 4-8 所示。

```
In[12]: plt.hist(dy_group['sales'],bin=12)
Plt.show()
Out[12]:
```

	month	store_name	sales
0	1	定远店	21828.016
1	2	定远店	16942.940
2	3	定远店	27843.116
3	4	定远店	32495.540
4	5	定远店	21478.492
5	6	定远店	46216.478
6	7	定远店	15431.962
7	8	定远店	44409.148
8	9	定远店	78130.234
9	10	定远店	42626.514
10	11	定远店	74505.060
11	12	定远店	57453.004

图 4-7　2014 年定远店分组聚合后的数据

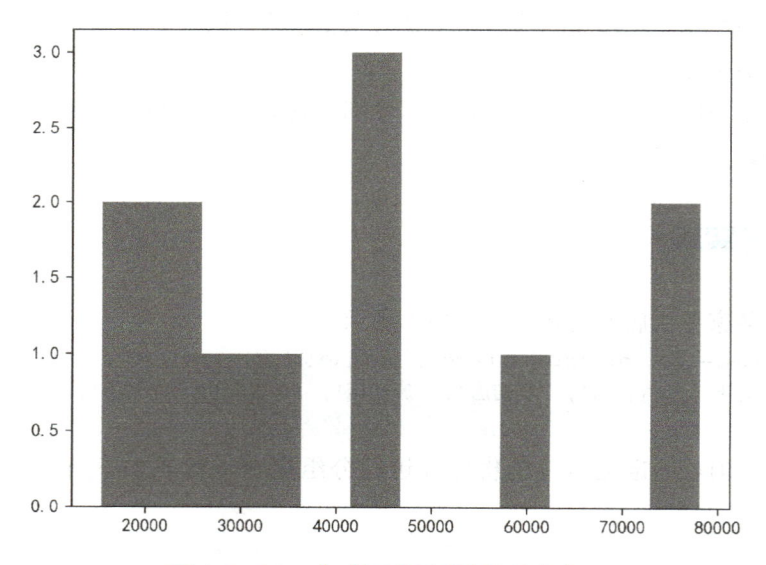

图 4-8　2014 年定远店月销售额的直方图

（4）定义一个统计 2014 年各家餐饮店月销售额的方法，代码如下所示。

```
In[13]: def sgroup(names:list):
    data=[]
    for name in names:
        dy=df[(df['store_name']=='name')&(df['dt']==2014)][['store_name','sales','dt','month']]
        dy_group=dy[['store_name','sales','month']].groupby(by=['month','store_name']).sum().reset_index()
```

```
        data.append([list(dy['month']),list(dy_group['sales'])])
    return data
data=sgroup('store_name')
```

（5）绘制 2014 年各家餐饮店月销售额的直方图，代码如下所示，结果如图 4-9 所示。

```
In[14]: plt.rcParams['font.family']=['SimHei']
plt.rcParams['axes.unicode_minus']=False
hang=3
lie=3
figure=plt.figure()
for i in range(0,9):
    ax=figure.add_subplot(hang,lie,i+1)
    ax.hist(data[i][1],label=data[i][0])
    ax.set_title(shop_name[i])
plt.tight_layout()
plt.subplots_adjust()
plt.show()
Out[14]:
```

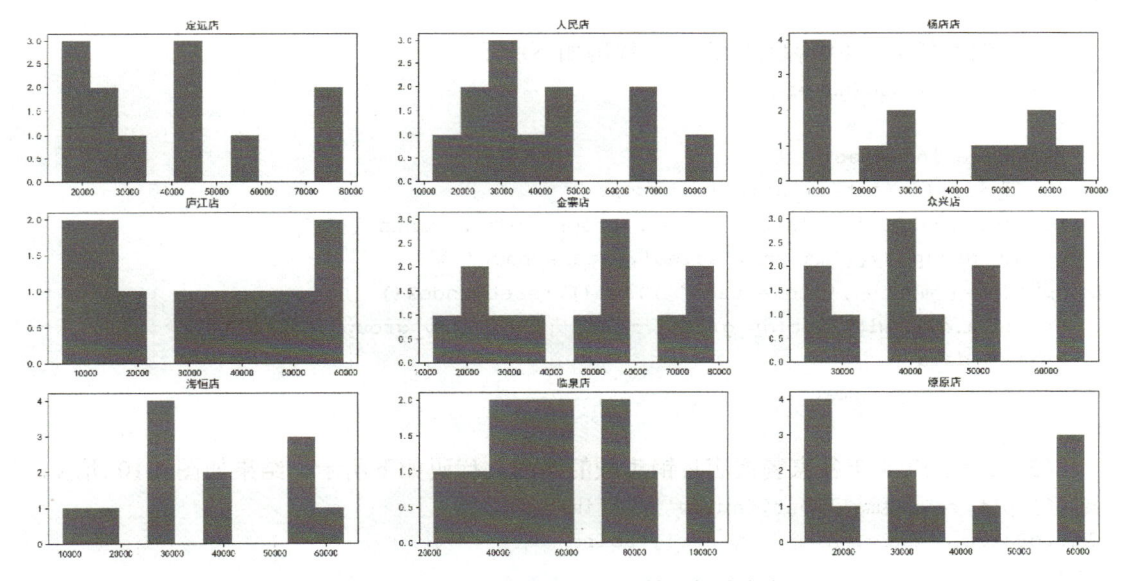

图 4-9　2014 年各家餐饮店月销售额的直方图

任务 4.5　绘制餐饮订单数据中各家餐饮店月销售额的饼图

【任务描述】

利用 Python 中的 Matplotlib，对各家餐饮店在 2014 年内的数据进行聚合统计，并绘制月销售额的饼图。

【知识准备】

饼图的英文学名为 Sector Graph，又被称为 Pie Graph，常用于各个领域的数据统计和可视化分析。2D 饼图通常是圆形的，在手绘时常用圆规来作图。

仅排列在工作表的一列或一行中的数据可以绘制到饼图中。饼图可以显示一个数据系列（在图表中绘制的相关数据点，这些数据源自数据表的行或列。图表中的每个数据系列具有唯一的颜色或图案，并且在图表的图例中表示。在图表中，可以绘制一个或多个数据系列。饼图只有一个数据系列。）中各项的大小与各项总和的比例。饼图中的数据点（在图表中绘制的单个值，这些值由条形、柱形、折线、饼图或圆环图表示，并通过扇面、圆点和其他被称为数据标记的元素呈现。相同颜色的数据标记组成一个数据系列。）显示为各个扇区的百分比。

【任务实施】

（1）调用任务 4.4 中编写的方法，代码如下所示。

```
In[15]: def sgroup(names:list):
    data=[]
    for name in names:
        dy=df[(df['store_name']=='定远店')&(df['dt']==2014)][['store_name','sales','dt','month']]
        dy_group=dy[['month','sales','store_name']].groupby(by=['month','store_name']).sum().reset_index()
        data.append([list(dy_group['month']),list(dy_group['sales'])])
    return data
data=sgroup(shop_name)
data
```

（2）绘制 2014 年各家餐饮店月销售额的饼图，代码如下所示，结果如图 4-10 所示。

```
In[16]:plt.rcParams['font.family']=['SimHei']
plt.rcParams['axes.unicode_minus']=False
hang=3
lie=3
figure=plt.figure()
for i in range(0,9):
    ax=figure.add_subplot(hang,lie,i+1)
    ax.pie(data[i][1],labels=data[i][0])
    ax.set_title(shop_name[i])
plt.tight_layout()
plt.subplots_adjust()
plt.show()
Out[16]:
```

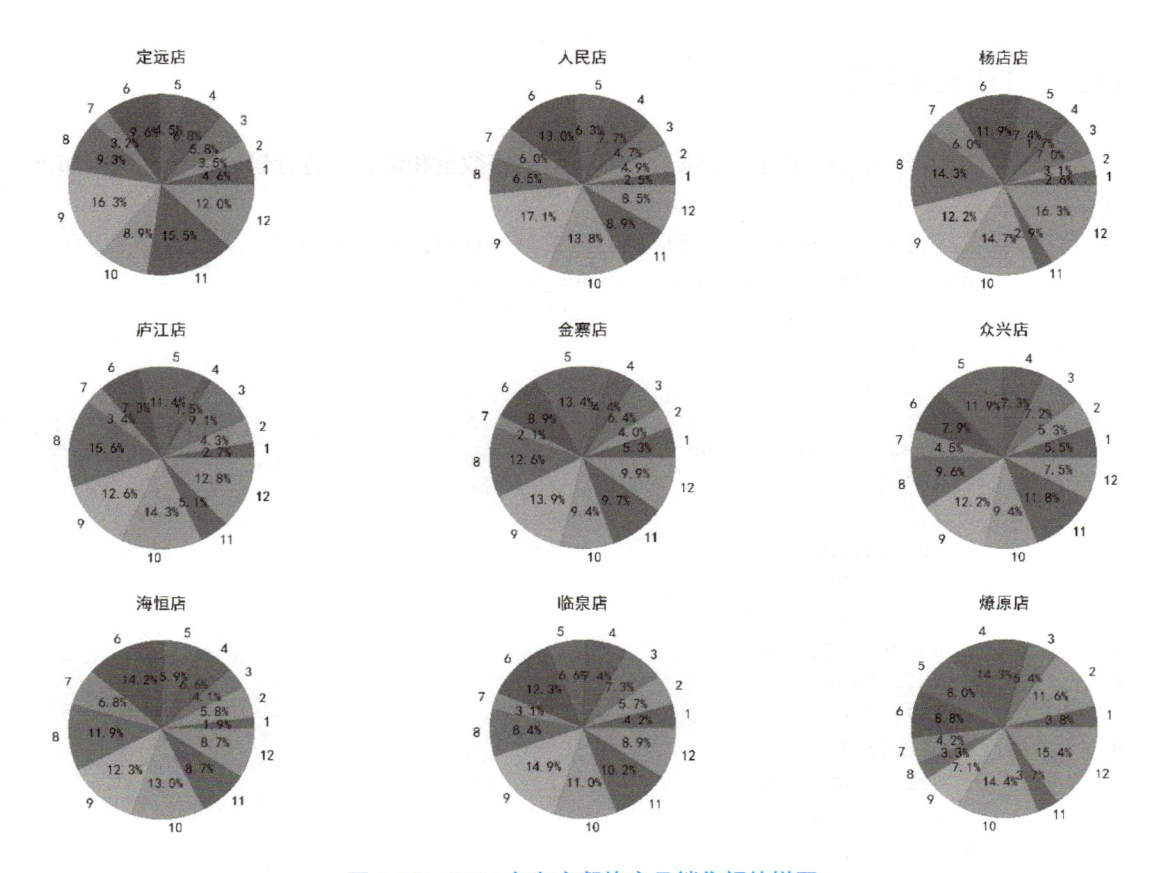

图 4-10 2014 年各家餐饮店月销售额的饼图

任务 4.6 绘制餐饮订单数据中月销售数量前五的销售额的箱形图

【任务描述】

利用 Python 中的 Matplotlib，绘制 2014 年月销售数量前五的销售额的箱形图。

【知识准备】

箱形图又被称为盒须图、盒式图，是一种显示一组数据分散情况资料的统计图，因形状如箱子而得名，在各种领域经常被使用，常见于品质管理。箱形图主要用于反映原数据分布的特征，还用于多组数据分布特征的比较。箱形图的绘制方法是：首先，先找出一组数据的上边缘、下边缘、中位数和两个四分位数；然后，连接两个四分位数画出箱体；最后，将上边缘和下边缘与箱体相连，中位数在箱体的中间。

数据分析基础

【任务实施】

（1）对 2014 年的数据进行分组聚合，对各月销售数量和销售额进行聚合统计，代码如下所示。

```
In[17]: oc=df[(df['dt']==2014)][['order_id','sales','month']]
of=oc.groupby(by=['month']).count().reset_index()
od=oc[['month','sales']].groupby(by=['month']).sum().reset_index()
od['order_count']=of['sales']
od
Out[17]:
      month      sales       order_count
0       1      167947.031       128
1       2      233216.634       156
2       3      280534.338       170
3       4      284747.239       160
4       5      370683.922       259
5       6      464809.002       258
6       7      187267.381       126
7       8      442992.606       272
8       9      592225.977       283
9      10      521269.077       324
10     11      392921.704       253
11     12      473647.958       292
```

（2）对已做好分组聚合的数据进行排序，提取月销售数量前五的数据，代码如下所示。

```
In[18]:Od=od.sort_values(by='oder_count',ascending=False)
FB=od.iloc[:5]
Out[18]:
      month         sales         order_count
9      10        521269.077          324
11     12        473647.958          292
8       9        592225.977          283
7       8        442992.606          272
4       5        370683.922          259
```

（3）利用月销售数量前五的数据绘制箱形图，代码如下所示，结果如图 4-11 所示。

```
In[19]:Plt.boxplot([FB['sales']])
Plt.title('月销售数量前五的销售额的箱形图')
Plt.show()
Out[19]:
```

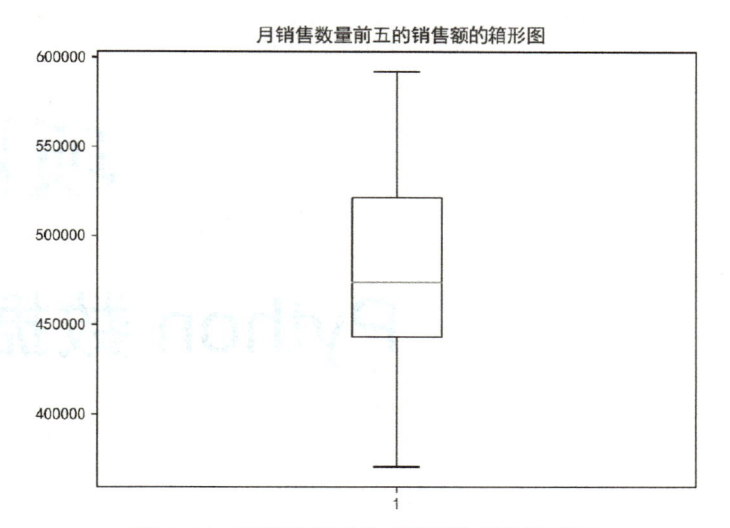

图 4-11　月销售数量前五的销售额的箱形图

【项目小结】

本项目以餐饮订单信息表中的数据为例,介绍了使用 pyplot() 函数绘图的基本语法和常用参数,以及基于 Matplotlib 绘图的基本方法。

【技能训练】

根据餐饮订单信息表分别绘制前五道菜品名称的散点图、柱形图、箱形图。

项目 5

Python 数据探索

学习目标

【知识目标】

（1）了解数据中产生缺失值和异常值的原因。
（2）理解数据的各种分布、周期性和相关性的概念。
（3）理解数据的贡献度分析。
（4）掌握相关的统计描述方法。

【技能目标】

（1）掌握 pandas 中处理缺失值和异常值的方法。
（2）掌握数据的各种分布、周期性和相关性的分析方法。
（3）掌握数据贡献度分析和常用的统计描述方法。

【素质目标】

我们应该具有探索精神，保持对真相的好奇心，要更加积极主动地去发现和挖掘隐藏在数据内部的一些真相。在数据分析师的大脑中，应该时刻充满着无数个"为什么"，即产生这个结果的原因是什么、为什么是这个结果、为什么不是那个结果、为什么结果不是预期的那样等。

项目背景

数据探索是在具备较为完整的样本后，对样本数据进行解释的分析工作，是数据分析较为前期的阶段。数据探索不需要应用过多的模型算法，更偏重定义数据的本质、描述数据的形态特征并解释数据的相关性。通过数据探索的结果，能够更好地开展后续的数据挖掘与数据建模工作。本项目将介绍数据的异常处理，周期性、相关性、贡献度等内容。

任务流程

第 1 步：探索分析数据的缺失值。
第 2 步：探索分析数据的异常值。
第 3 步：探索分析数据的分布统计。
第 4 步：探索分析数据的周期性。
第 5 步：探索分析数据的相关性。
第 6 步：探索分析数据的贡献度。
第 7 步：探索分析数据的统计量。

任务 5.1　餐饮订单数据的缺失值分析

【任务描述】

数据的缺失主要包括记录的缺失和记录中某个字段信息的缺失，两者都会造成分析结果的不准确。

【知识准备】

1. 产生缺失值的原因

（1）有些信息暂时无法获取，或者获取的代价太大。

（2）有些信息是被遗漏的，如可能是因输入时认为该信息不重要、忘记填写或对数据理解错误等一些人为因素而遗漏的，也可能是因数据采集设备故障、存储介质故障、传输媒体故障等非人为原因而丢失的。

（3）属性值不存在。在某些情况下，缺失值并不意味着数据有错误。对某些对象来说，某些属性值是不存在的，如一个未婚者的配偶姓名、一个儿童的固定收入等。

2. 缺失值的影响

（1）数据挖掘建模将丢失大量的有用信息。

（2）数据挖掘模型所表现出的不确定性更加显著，模型中蕴含的规律更难把握。

（3）包含空值的数据会使建模过程陷入混乱，导致不可靠的输出。

3. 缺失值的分析

（1）使用简单的统计分析，可以得到含缺失值的属性的个数及每个属性的未缺失数、缺失数与缺失率等。

（2）对于缺失值的处理，从总体上来说分为删除存在缺失值的记录、对缺失值进行插补和不处理缺失值3种情况。

【任务实施】

（1）读取并合并 oder1、order2、order3 三个表，获取餐饮店 8 月的所有订单数据，代码如下所示，结果如图 5-1 所示。

```
In[1]:import pandas as pd
data1 = pd.read_table('D:\Anaconda\order1.csv', sep=',', encoding='gbk')
data2 = pd.read_table('D:\Anaconda\order2.csv', sep=',', encoding='gbk')
data3 = pd.read_table('D:\Anaconda\order3.csv', sep=',', encoding='gbk')
concat_data=pd.concat([data1,data2,data3],axis=0)
concat_data.head()
Out[1]:
```

	detail_id	order_id	dishes_id	logicprn_name	parent_class_name	dishes_name	itemis_add	counts	amounts	cost	place_order_time
0	2956	417	610062	NaN	NaN	蒜蓉生蚝	0	1.0	49.0	NaN	2016/8/1 11:05
1	2958	417	609957	NaN	NaN	烤羊腿	0	1.0	48.0	NaN	2016/8/1 11:07
2	2961	417	609950	NaN	NaN	大蒜苋菜	0	1.0	30.0	NaN	2016/8/1 11:07
3	2966	417	610038	NaN	NaN	芝麻烤紫菜	0	1.0	25.0	NaN	2016/8/1 11:11
4	2968	417	610003	NaN	NaN	蒜香包	0	1.0	13.0	NaN	2016/8/1 11:11

图 5-1 餐饮店 8 月的所有订单数据

（2）查看表格的摘要信息，代码如下所示。由代码运行结果可知，餐饮订单数据有 10037 行 19 列，其中存在一些未保存数据的列。

```
<class 'pandas.core.frame.DataFrame'>
Int64Index: 10037 entries, 0 to 3610
Data columns (total 19 columns):
 #   Column              Non-Null Count   Dtype
---  ------              --------------   -----
 0   detail_id           10037 non-null   int64
```

```
1   order_id          10037 non-null   int64
2   dishes_id         10037 non-null   int64
3   logicprn_name     0 non-null       float64
4   parent_class_name 0 non-null       float64
5   dishes_name       10037 non-null   object
6   itemis_add        10037 non-null   int64
7   counts            10037 non-null   float64
8   amounts           10037 non-null   float64
9   cost              0 non-null       float64
10  place_order_time  10037 non-null   object
11  discount_amt      0 non-null       float64
12  discount_reason   0 non-null       float64
13  kick_back         0 non-null       float64
14  add_inprice       10037 non-null   int64
15  add_info          0 non-null       float64
16  bar_code          0 non-null       float64
17  picture_file      10037 non-null   object
18  emp_id            10037 non-null   int64
dtypes: float64(10), int64(6), object(3)
memory usage: 1.5+ MB
<Figure size 640x480 with 0 Axes>
```

（3）对空值列进行处理，删除无用的列，代码如下所示。

```
In[2]:Concat_data_drop= Concat_data.dropna(axis=1,inplace=True)
Concat_data.info()
Out[2]:
<class 'pandas.core.frame.DataFrame'>
Int64Index: 10037 entries, 0 to 3610
Data columns (total 11 columns):
 #   Column            Non-Null Count   Dtype
---  ------            --------------   -----
 0   detail_id         10037 non-null   int64
 1   order_id          10037 non-null   int64
 2   dishes_id         10037 non-null   int64
 3   dishes_name       10037 non-null   object
 4   itemis_add        10037 non-null   int64
 5   counts            10037 non-null   float64
 6   amounts           10037 non-null   float64
 7   place_order_time  10037 non-null   object
 8   add_inprice       10037 non-null   int64
 9   picture_file      10037 non-null   object
 10  emp_id            10037 non-null   int64
dtypes: float64(2), int64(6), object(3)
memory usage: 941.0+ KB
```

任务 5.2　餐饮订单数据的异常值分析

【任务描述】

异常值分析是检验数据是否录入错误、是否有不合常理的数据。忽视异常值的存在是十分危险的，若不对其进行剔除而将异常值放入数据的计算分析过程中，则会对结果造成不良影响。分析产生异常值的原因，常常是发现问题进而改进决策的契机。

异常值是指样本中的个别值，其数值明显偏离其他的观测值。

【知识准备】

1. 简单统计量分析

在进行异常值分析时，可以先对变量做一个描述性统计，从而查看哪些数据是不合理的。最常用的统计量是最大值和最小值，用于判断变量的取值是否超出了合理范围，如客户年龄的最大值为 199 岁，则判断该变量的取值存在异常。

2. 3σ 原则

若数据服从正态分布，则在 3σ 原则下，异常值被定义为一组测定值中与平均值的偏差超过 3 倍标准差的值。在假设数据服从正态分布的情况下，距离均值 3σ 之外的值出现的概率为 $P(x-\mu>3\sigma) \leqslant 0.003$，属于极个别的小概率事件。其中，$\sigma$ 代表标准差，μ 代表平均值。

若数据不服从正态分布，则可以用远离均值的标准差倍数来描述。

3. 箱形图分析

箱形图提供了识别异常值的一个标准，通常由上边缘、下边缘、中位数、上四分位数、下四位分数和异常值组成。箱形图能直观地反映一组数据的分散情况，一旦图中出现离群点（远离大多数值的点），就认为该离群点可能是异常值。

【任务实施】

（1）本任务使用箱形图来分析餐饮订单数据中的异常值，代码如下所示。

```
In[3]:import numpy as np
import matplotlib.pyplot as plt
```

（2）建立画布，代码如下所示。

```
In[4]: plt.Figure()
boxplt=pd.DataFrame(concat_data['amounts']).boxplot(return_type='dict',sym='*')
y=boxplt['fliers'][0].get_ydata()
Out[4]：餐饮订单信息表中amounts列的平均值为： 45.33717164447643
```

（3）使用 annotate 添加注释，可能会遇到因相近的点而导致的注释重叠，从而难以清晰显示。为了解决这个问题，可以通过一些技巧来控制注释的位置。以下代码中的参数都是经过调试的，结果如图 5-2 所示。

```
In[5]:unidata=np.unique(y)
Print(unidata)
For i in range(len(unidata))
If i>1
Plt.annotate(unidata[i],xy=(x[i],unidata[i]),xytext=(x[i]+0.2-0.3/unidata[i]-unidata[i-1]), unidata[i]))
Else
Plt.annotate(unidata[i],xy=(x[i],unidata[i]),xytext=(x[i]+0.5, unidata[i]))
Plt.show()
Out[5]:
```

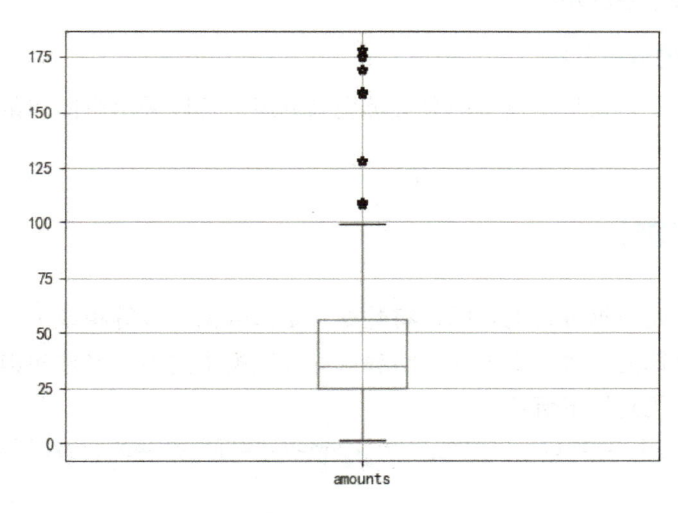

图 5-2 餐饮订单数据的箱形图

任务 5.3 餐饮订单数据的分布分析

【任务描述】

分布分析能揭示数据的分布特征和分布类型。对于定量数据，要想了解其分布形式是对称的还是非对称的、发现某些特大或特小的可疑值，可列出频率分布表、绘制频率分布直方图和茎叶图进行直观分析；对于定性数据，可用饼图和条形图直观地显示其分布情况。

【知识准备】

1. 定量数据的分布分析

对于定量变量，选择"组数"和"组宽"是在做频数分布分析时主要的问题，一般按照以下步骤进行。

  第1步：求极差。

  第2步：决定组数与和组距。

  第3步：决定分点。

  第4步：列出频数分布表。

  第5步：绘制频率分布直方图。

在做频数分布分析时，遵循的主要原则如下所示。

（1）各组之间必须是互相排斥的。

（2）各组必须包含所有的数据。

（3）各组的组宽最好相等。

2．定性数据的分布分析

对于定性数据，常常根据变量的分类类型来分组，可以采用饼图和条形图来描述定性数据的分布。

【任务实施】

（1）分布分析是根据分析的目的，将数据（定量数据）按等距或不等距进行分组，并研究各组的分布规律的一种分析方法。将餐饮订单数据中的菜品名称和销售价格提取出来并进行分布分析，代码如下所示。

```
In[6]: dname=concat_data[['dishes_name','amounts']].groupby(by='dishes_name')
conN=[]
conV=[]
for gourp,value in dname:
    conN.append(list(value.dishes_name.unique())[0])
    conV. append(list(value.amounts.unique())[0])
print(conN[:5],conV[:5])
Out[6]: [' 42度海之蓝',' 北冰洋汽水 ','38度剑南春 ','50度古井贡酒','52度泸州老窖 ']
[99.0, 5.0, 80.0, 90.0, 159.0]
```

（2）将菜品名称和销售价格一一对应，代码如下所示。

```
In[7]:T=[]
For i in zip(list(conN),list(conV)):
    T.append(i)
T
Out[7]:
[(' 42度海之蓝', 99.0),
 (' 北冰洋汽水 ', 5.0),
 ('38度剑南春 ', 80.0),
 ('50度古井贡酒', 90.0),
 ('52度泸州老窖 ', 159.0),
```

```
('53度茅台', 128.0),
('一品香酥藕', 10.0),
('三丝鳝鱼', 55.0),
('三色凉拌手撕兔', 66.0),
('不加一滴油的酸奶蛋糕', 7.0),
('五彩藕苗', 35.0),
('五彩豆', 29.0),
('五色糯米饭(七色)', 35.0),
('五香酱驴肉', 52.0),
('五香酱驴肉\r\n', 52.0),
('五香酱驴肉\r\n\r\n\r\n', 52.0),
('倒立蒸梭子蟹', 169.0),
('党参黄芪炖牛尾', 35.0),
('党参黄芪炖牛尾\r\n', 35.0),
('党参黄芪炖牛尾\r\n\r\n\r\n', 35.0),
('农夫山泉NFC果汁100%橙汁', 6.0),
('冬瓜炒苦瓜', 29.0),
… ]
```

（3）将菜品名称和销售价格组成一个 DataFrame，并将数据分成 4 段，代码如下所示。

```
In[8]:A=pd.Dataframe(T,columns=['dish_name','prices'])
B=[int(min(a.prices)),50,100,150,int(max(a.prices))+2]
B
Out[8]: [1, 50, 100, 150, 180]
```

（4）给 4 段数据贴标签，代码如下所示。

```
In[9]:import numpy as np
labels=['1-49', '50-99', '100-149', '150-180']

print('数据标签',
     labels=['1-49', '50-99', '100-149', '150-180'])
Out[9]: ['1-49', '50-99', '100-149', '150-180']
```

（5）根据销售价格进行切分并分层，代码如下所示。

```
In[10]:A['价格分层']=pd.cut(a.prices,bins,labels=labels)
Group_agg=a.groupby(by=['价格分层']).agg({'prices':np.size})
Group_agg.Rename(columns={'价格': '人数'})
Out[10]:
价格分层        prices
1-49         122
50-99         36
100-149        3
150-180        7
```

任务 5.4　餐饮订单数据的周期性分析

【任务描述】

周期性分析是探索某个变量是否随着时间呈现周期变化趋势的方法。

【知识准备】

时间尺度相对较长的周期性趋势有年度周期性趋势、季节性周期性趋势；时间尺度相对较短的周期性趋势有月度周期性趋势、周度周期性趋势，更短的甚至有天周期性趋势、小时周期性趋势。

【任务实施】

（1）计算 8 月每日的营业额，将日期转换为天数和星期，并对转换后的数据进行分组聚合，代码如下所示。

```
In[11]: concat_data['price']= concat_data['counts']* concat_data['amounts']
week=pd.DatetimeIndex(concat_data['place_order_time'])
concat_data['weekday']=week.day_name()
concat_data['day']= pd.DatetimeIndex(concat_data['place_order_time']).day
day_gb= concat_data[['day','price']].groupby(by='day')
number= day_gb.agg(np.sum)
number.head()
Out[11]:
day    price
1      9673.0
2      6260.0
3      7053.0
4      7660.0
5      9300.0
```

（2）在统计完每日的营业额后，可以使用 Matplotlib 进行绘图，并以天数为单位进行周期性分析，代码如下所示，结果如图 5-3 所示。

```
In[12]: plt.scatter(range(1,32),number,marker='D')
plt.plot(range(1,32), number['price'])
plt.show()
Out[12]:
```

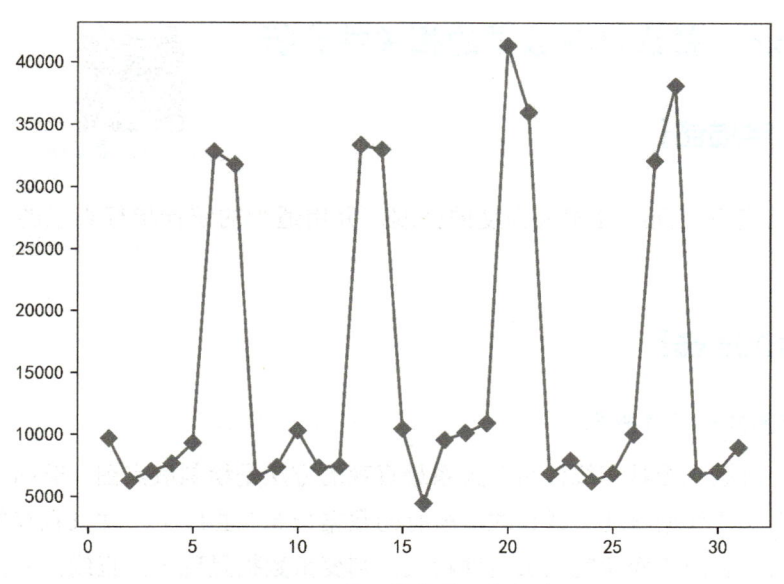

图 5-3　以天数为单位的周期性分析

（3）以星期为单位进行周期性分析，代码如下所示，结果如图 5-4 所示。

```
In[13]: day_gb1= concat_data[['weekday','price']].groupby(by='weekday')
number1= day_gb1.agg(np.sum)
plt.scatter(range(1,8),number1,marker='D')
plt.plot(range(1,8), number1['price'])
plt.show()
Out[13]:
```

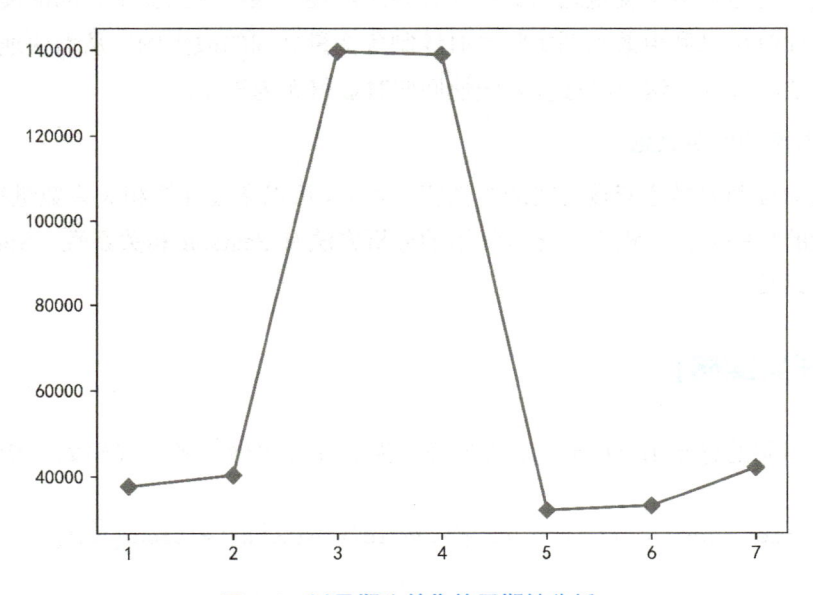

图 5-4　以星期为单位的周期性分析

任务 5.5 餐饮订单数据的相关性分析

【任务描述】

分析连续变量之间线性相关程度的强弱，并用适当的统计指标表示的过程为相关性分析。

【知识准备】

1. 散点图的相关性概念

判断两个变量是否具有线性相关关系最直观的方法是绘制散点图。若两个变量完全正线性相关，则变量数据呈现一条直线，所有的数据分布在直线上，并且直线的数据值从左到右逐渐增大；若两个变量完全负线性相关，则变量数据呈现一条直线，并且直线的数据值从左到右逐渐少；若两个变量非线性相关，则变量数据呈现一条曲线或多条线；若两个变量正线性相关，则变量数据呈现一条直线，所有的数据分布在直线两侧，并且直线的数据值从左到右逐渐增大；若两个变量负线性相关，则变量数据呈现一条斜线，大部分数据分布在这条斜线两侧，并且斜线的数据值从左到右逐渐减少；若两个变量不相关，则数据分布没有规律。

2. 散点图矩阵的概念

当需要同时考察多个变量之间的相关关系时，逐一绘制这些变量之间的简单散点图会十分麻烦，此时可以利用散点图矩阵同时绘制各变量之间的散点图，从而快速发现多个变量之间的主要相关性，这在进行多元线性回归时显得尤为重要。

3. 散点图的相关系数

为了更加准确地描述变量之间的线性相关程度，可以通过计算相关系数进行相关分析。在二元变量的相关分析过程中，比较常用的分析方法有 Pearson 相关系数、Spearman 相关系数和判定系数。

【任务实施】

（1）对相同的订单 ID 进行重复值处理，为后续分组做准备，代码如下所示，结果如图 5-5 所示。

```
In[14]: delete_con= concat_data.drop_duplicates(subset='order_id')
delete_con
Out[14]:
```

	detail_id	order_id	dishes_id	logicprn_name	parent_class_name	dishes_name	itemis_add	counts	amounts
0	2956	417	610062	NaN	NaN	蒜蓉生蚝	0	1.0	49.0
5	1899	301	610019	NaN	NaN	白斩鸡	0	1.0	88.0
11	2916	413	609966	NaN	NaN	芝士焗波士顿龙虾	0	1.0	175.0
22	2938	415	609964	NaN	NaN	避风塘炒蟹	0	1.0	48.0
28	2643	392	609930	NaN	NaN	豌豆薯仔猪骨汤	0	1.0	39.0
...	...	...	...	...	...	...	...	...	...
3544	4523	570	609941	NaN	NaN	清蒸海鱼	0	1.0	78.0
3546	5846	692	609962	NaN	NaN	倒立蒸梭子蟹	0	1.0	169.0
3549	5327	641	610003	NaN	NaN	蒜香包	0	1.0	13.0
3578	5651	672	609970	NaN	NaN	麻辣小龙虾	0	1.0	99.0
3583	5372	647	610040	NaN	NaN	海带结豆腐汤	0	1.0	30.0

942 rows × 22 columns

图 5-5　重复值处理后的数据

（2）先通过 day（天数）对 price（销售数量）进行聚合，再统计当天的订单数，代码如下所示。

```
In[15]: day_gb= concat_data[['day','price']].groupby(by='day').sum()
day_gb['count_order']= delete_con[['day','order_id']].groupby(by='day').count()
day_gb.head()
Out[15]:
day     price   count_order
1       9673.0  22
2       6260.0  18
3       7053.0  16
4       7660.0  13
5       9300.0  21
```

（3）计算 price 和当天的订单数（count_order）的相关度，代码如下所示。

```
In[16]: day_gb['price'].corr(day_gb['count_order'])
day_gb
Out[16]: 0.9945857147253621
```

任务 5.6　餐饮订单数据的贡献度分析

【任务描述】

扫一扫，看微课

对餐饮店来讲，应用贡献度分析可以重点改善某菜系盈利最高的前 80%的菜品，或者重点发展综合影响最高的 80%的部门，这种结果可以通过帕累托图直观地呈现出来。

【知识准备】

贡献度分析又被称为帕累托分析，其原理是帕累托法则，该法则又被称为20/80定律。同样的投入放在不同的地方会产生不同的效益，如对一家公司来讲，80%的利润常常来自20%最畅销的产品，而其他80%的产品仅产生了20%的利润。

【任务实施】

（1）本任务将利用前十道最热销的菜品进行贡献度分析，对菜品名称和销售价格进行分组聚合，对销售数量按从高到低进行排序，代码如下所示。

```
In[17]: import numpy as np
day_gp= concat_data[['dishes_name','amounts']].groupby(by='dishes_name').sum()
data_sort=day_gp.sort_values(by='amounts',ascending=False).iloc[:10]
data_cop=data_sort[u'amounts'].copy()
```

（2）绘制帕累托图，代码如下所示，结果如图5-6所示。

```
In[18]:
plt.rcParams['font.family'] = ['SimHei']      # 用来显示中文标签
plt.rcParams['axes.unicode_minus'] = False
plt.xticks(rotation=90)
data_cop.plot(kind='bar')
p=1.0*data_cop.cumsum()/data_cop.sum()
p.plot(secondary_y=True,style='-o')
plt.annotate(format(p[6],'.4%'),xy=(6,p[6]),xytext=(6*0.9,p[6]*0.9))
plt.show()
Out[18]:
```

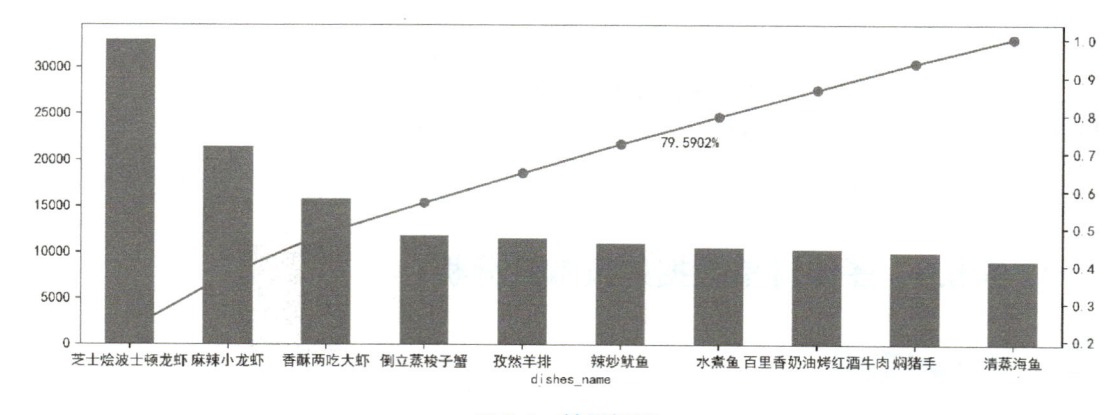

图5-6 帕累托图

（3）先通过筛选可知前7道菜品占菜品种类数的70%，再由图5-6可知这7道菜的总盈利额占该月盈利额的79.5902%。根据帕累托法则，应该增加对这7道菜品的成本投入预算，减少对剩余菜品的成本投入预算，以获得更高的盈利额。

任务 5.7 餐饮订单数据的统计量分析

【任务描述】

用统计指标对定量数据进行统计描述，常从集中趋势和离中趋势两个方面进行分析。平均水平指标是对个体集中趋势的度量，使用较广泛的是平均值和中位数；反映变异程度的指标是对个体离开平均水平的度量，使用较广泛的是标准差（方差）、四分位数间距。

【知识准备】

1. 集中趋势度量

（1）平均值：所有数据的平均值。

（2）中位数：将一组观察值从小到大按顺序进行排列，位于中间的数据，即全部数据中小于或大于中位数的数据个数相等的数据。

（3）众数：数据集中出现最频繁的值。众数并不经常用来度量定性变量的中心位置，更适用于定性变量。众数不具有唯一性，一般用于离散型变量而不是连续型变量。

2. 离中趋势度量

（1）极差：对数据集的极端值非常敏感，并且忽略了位于最大值与最小值之间的数据是如何分布的。

（2）标准差：度量数据偏离平均值的程度。

（3）变异系数：度量标准相当于平均值的离中趋势。

（4）四分位数间距：四分位数包括上四分位数和下四分位数。将所有数值由小到大排列并分成4等份，处于第1个分割点位置的数值是下四分位数，处于第2个分割点位置（中间位置）的数值是中位数，处于第3个分割点位置的数值是上四分位数。

【任务实施】

（1）对已经分组好的数据进行排序、过滤异常值，代码如下所示。

```
In[19]: newsortdata=day_gp.sort_values(by='amounts',ascending=False)
filterdata=newsortdata[(newsortdata['amounts']>400)&( newsortdata['amounts']<5000)]
```

（2）DataFrame 对象的 describe()方法已经可以给出一些基本的统计量，根据给出的统计量，可以衍生出所需的统计量。对餐饮订单数据进行统计量分析，代码如下所示。

```
In[20]:Descdata=filterdata.describe()
```

```
Decdata.loc['range']= Decdata.loc['max']- Decdata.loc['min']
Decdata.loc['var']= Decdata.loc['std']/ Decdata.loc['mean']
Decdata.loc['dish']= Decdata.loc['75%']- Decdata.loc['25%']
Out[20]:
        amounts
count    110.000000
mean    1843.481818
std     1171.887302
min      430.000000
25%      876.250000
50%     1581.500000
75%     2523.000000
Max     4816.000000
Range   4386.000000
var        0.635692
dish    1646.750000
```

【项目小结】

本项目介绍了数据缺失值和异常值的产生原因及处理方法，数据的各种分布和周期性、相关性的概念，阐述了相关性的统计描述方法，从而能够对各种数据进行统计分析。

【技能训练】

对广州珠江水道水质化验数据表中的数据进行异常值和缺失值分析并处理。

项目 6

数据预处理

学习目标

【知识目标】

（1）了解数据清洗的常用方法。
（2）掌握常见的数据集成、重塑分层索引、降采样的方法。
（3）理解数据标准化处理、数据离散化处理、数据泛化处理的概念。

【技能目标】

（1）掌握 pandas 中常见的处理数据异常值的函数。
（2）掌握在 pandas 中使用 concat() 方法集成数据。
（3）掌握在 pandas 中使用 stack() 方法规约数据。
（4）掌握 pandas 中数据转换的函数。

【素质目标】

数据分析师每天要与大量的数据打交道，一个不经意的错误就可能造成数据分析的结果和预期的结果大相径庭，这就要求数据分析师具备细致入微的工匠精神，也要耐心地对待每个数字，任何细微之处都不能掉以轻心，还要对异常值保持敏感，一个异常值很可能就是导致出现问题的关键。

项目背景

在现实生活中，收集的数据大多数存在不完整（有缺失值）、不一致、异常等情况，若直接用这种异常数据进行建模分析，则可能会影响建模的效果，甚至会造成分析结果出现偏差。如何对数据进行预处理，提高数据质量，是数据分析中常见的问题。本项目将介绍数据清洗、数据集成、数据规约、数据转换、数据分组与聚合。

任务流程

第1步：对"脏数据"进行清洗，以得到完整的数据。
第2步：对数据进行集成。
第3步：对数据进行规约。
第4步：对数据进行转换。
第5步：对数据进行分组聚合统计。

任务 6.1 清洗餐饮订单数据

【任务描述】

数据清洗是数据预处理中关键的一步，其目的在于剔除原有数据中的"脏数据"，提高数据的质量，使数据具有完整性、唯一性、权威性、合法性和一致性等特征。数据清洗的结果会直接影响数据分析或数据挖掘的结果。

常遇到的数据问题有3种：数据缺失、数据重复、数据异常。这3种数据问题分别是因数据中存在缺失值、重复值、异常值而引起的。

【知识准备】

1. 处理缺失值的方式

缺失值是指样本数据中某个或某些属性的值是不全的，主要是机械故障、人为因素等导致部分数据未能收集。若使用存在缺失值的数据进行分析，则会降低预测结果的准确率，需要通过合适的方式来处理。处理缺失值的方式主要有3种：删除缺失值、填充缺失值和插补缺失值。

删除缺失值是一种比较简单的处理方式。这种方式通过直接删除包含缺失值的行或列来达到目的，适用于删除缺失值后只产生较小偏差的样本数据，但并不是十分有效。

填充缺失值和插补缺失值是比较流行的处理方式，这两种方式均使用指定的值来填充缺失值，避免了因某个属性值缺失而放弃大量其他属性的情况，适用于数量较多的样本数据。填充缺失值一般会将平均数、中位数、众数、缺失值前后的数填充至空缺位置。插补缺失值是一种相对复杂且灵活的处理方式，主要基于一定的插补算法来达到目的。常见的插补算法有线性插值和最邻近插值。线性插值是根据两个已知量构成的线段来确定在这两个已知量之间的一个未知量的方法。简单地说，就是根据两点之间的距离，以等距离的方式确定要插补的值。最邻近插值用与缺失值相邻的值作为插补的值。

2. 处理重复值的方式

重复值是指样本数据中某个或某些数据记录完全相同，主要是人工录入、机械故障等导致部分数据重复录入。重复值主要有 2 种处理方式：删除重复值和保留重复值。其中，删除重复值是比较常见的方式，其目的在于保留唯一的数据记录。需要说明的是，在分析演变规律、样本不均衡处理、业务规划等场景中，重复值具有一定的使用价值，需要保留。

3. 处理异常值的方式

异常值是样本数据中处于特定范围之外的个别值，这些值明显偏离其所属样本的其余观测值。产生异常值的原因有很多，包括人为疏忽、失误或仪器异常等。在处理异常值之前，需要先辨别这些值是"真异常"还是"伪异常"，再根据实际情况正确地处理异常值。处理异常值的方式主要有 3 种：保留异常值、删除异常值和替换异常值。保留异常值也就是对异常值不做任何处理，通常适用于"伪异常"，即准确的数据；删除异常值和替换异常值是比较常用的方式。其中，替换异常值是使用指定的值或根据算法计算出来的值来替换检测出的异常值。

【任务实施】

（1）读取并合并 oder1、order2、order3 三个表，获取餐饮店 8 月的所有订单数据，代码如下所示，结果如图 6-1 所示。

```
In[1]:import pandas as pd
data1 = pd.read_table('D:\Anaconda\order1.csv', sep=',', encoding='gbk')
data2 = pd.read_table('D:\Anaconda\order2.csv', sep=',', encoding='gbk')
data3 = pd.read_table('D:\Anaconda\order3.csv', sep=',', encoding='gbk')
concat_data=pd.concat(data1,data2,data3,axis=0)
concat_data.head()
Out[1]:
```

（2）查看表格的摘要信息，代码如下所示。由代码运行结果可知，餐饮订单数据有 10037 行 19 列，其中存在一些未保存数据的列。

	detail_id	order_id	dishes_id	logicprn_name	parent_class_name	dishes_name	itemis_add	counts	amounts	cost	place_order_time
0	2956	417	610062	NaN	NaN	蒜蓉生蚝	0	1.0	49.0	NaN	2016/8/1 11:05
1	2958	417	609957	NaN	NaN	烤羊腿	0	1.0	48.0	NaN	2016/8/1 11:07
2	2961	417	609950	NaN	NaN	大蒜苋菜	0	1.0	30.0	NaN	2016/8/1 11:07
3	2966	417	610038	NaN	NaN	芝麻烤紫菜	0	1.0	25.0	NaN	2016/8/1 11:11
4	2968	417	610003	NaN	NaN	蒜香包	0	1.0	13.0	NaN	2016/8/1 11:11

图 6-1　餐饮店 8 月的所有订单数据

```
<class 'pandas.core.frame.DataFrame'>
Int64Index: 10037 entries, 0 to 3610
Data columns (total 19 columns):
 #   Column            Non-Null Count  Dtype
---  ------            --------------  -----
 0   detail_id         10037 non-null  int64
 1   order_id          10037 non-null  int64
 2   dishes_id         10037 non-null  int64
 3   logicprn_name     0 non-null      float64
 4   parent_class_name 0 non-null      float64
 5   dishes_name       10037 non-null  object
 6   itemis_add        10037 non-null  int64
 7   counts            10037 non-null  float64
 8   amounts           10037 non-null  float64
 9   cost              0 non-null      float64
 10  place_order_time  10037 non-null  object
 11  discount_amt      0 non-null      float64
 12  discount_reason   0 non-null      float64
 13  kick_back         0 non-null      float64
 14  add_inprice       10037 non-null  int64
 15  add_info          0 non-null      float64
 16  bar_code          0 non-null      float64
 17  picture_file      10037 non-null  object
 18  emp_id            10037 non-null  int64
dtypes: float64(10), int64(6), object(3)
memory usage: 1.5+ MB
<Figure size 640×480 with 0 Axes>
```

（3）对空值列进行处理，删除无用的列，代码如下所示。

```
In[2]:Concat_data_drop= Concat_data_dropna(axis=1,inplace=True)
Concat_data.info()
Out[2]:
<class 'pandas.core.frame.DataFrame'>
Int64Index: 10037 entries, 0 to 3610
Data columns (total 11 columns):
 #   Column      Non-Null Count  Dtype
---  ------      --------------  -----
 0   detail_id   10037 non-null  int64
```

```
1   order_id         10037 non-null   int64
2   dishes_id        10037 non-null   int64
3   dishes_name      10037 non-null   object
4   itemis_add       10037 non-null   int64
5   counts           10037 non-null   float64
6   amounts          10037 non-null   float64
7   place_order_time 10037 non-null   object
8   add_inprice      10037 non-null   int64
9   picture_file     10037 non-null   object
10  emp_id           10037 non-null   int64
dtypes: float64(2), int64(6), object(3)
memory usage: 941.0+ KB
```

（4）处理重复值的一般方式是删除重复值。在 pandas 中，使用 drop_duplicated()方法可以删除重复值，代码如下所示。由代码运行结果可知，数据中没有重复值。

```
In[3]:Concat_data_drop.duplicated().sum()
Out[3]:0
```

（5）使用 3σ 原则检测异常值，定义一个基于 3σ 原则检测异常值的函数，使用该函数检测合并后的餐饮订单信息表中的数据，并返回检测出的异常值，代码如下所示。

```
In[4]:Def three_sigma(ser)
Mean_data=ser.mean()
Std_data=ser.std()
Rule= (Mean_data-3* Std_data>ser)|( Mean_data+3* Std_data<ser)
Index=np.arange(ser.shape(0))[rule]
Outlies=ser.iloc[index]
Outliers=ouliers.sort_values()
Return outliers
Value_sigma=three_signa(concat_data_drop['amount'])
Out[4]:
1324    158.0
9451    158.0
9384    158.0
894     158.0
996     158.0
…
```

（6）查看唯一值，代码如下所示。

```
In[5]:Unisigma=list(value_sigma.unique())
Out[5]: [158.0,159.0,169.0,175.0,178.0]
```

（7）删除异常值，代码如下所示。

```
In[6]:For I in range(unisigma):,

Concat_data_drop.drop(Concat_data_drop[(Concat_data_drop.amounts==unisigma[i])].index)
Three_sigma(Concat_data_drop['amounts'])
Out[6]: series([],name:amounts,dtype:float64)
```

任务 6.2　集成餐饮订单数据

【任务描述】

数据分析或数据挖掘过程中需要的数据往往来自不同的来源，这些数据的格式、特点千差万别且质量较低，增加了数据分析或数据挖掘工作的难度。为提高数据分析或数据挖掘工作的效率，将多个数据源的数据合并到一个数据源，形成统一的数据来源，这个过程就是数据集成。

在数据集成期间可能面临很多问题，包括实体识别和冗余属性识别。

【知识准备】

1. 实体识别

实体识别是指从不同数据源中识别出现实世界的实体，主要用于统一不同数据源的矛盾之处。常见的矛盾包括同名异义、异名同义、单位不统一。其中，同名异义是指同一属性对应不同的实体，如数据源 A 和数据源 B 的属性 ID 分别描述的是商品编号和订单编号；异名同义是指不同属性对应同一实体，如数据源 A 的属性 sale_dt 与数据源 B 的属性 sale_date 描述的都是销售日期；单位不统一是指同一实体分别用不同标准的单位表示，如数据源 A 和数据源 B 中的属性 fuel_consumption 分别描述的是以升和加仑为单位的燃料消耗量。

2. 冗余属性识别

数据集成往往导致数据冗余，举例如下所示。
（1）同一属性多次出现。
（2）同一属性命名不一致导致数据重复的问题。

通过整合不同数据源，可以减少甚至避免数据冗余与数据不一致，从而提高数据挖掘的效率。对于冗余属性，要先进行分析、检测后，再将其删除。

有些冗余属性可以通过相关分析进行检测。给定两个数值型的属性 A 和属性 B，根据其属性值，通过相关系数可以度量一个属性在多大程度上蕴含另一个属性。

【任务实施】

（1）本任务使用堆叠合并方法对数据进行合并。堆叠合并方法类似于数据库中合并数据表的操作，主要沿着某个轴对多个对象进行连接。读取 order1、order2、order3 三个表，代码如下所示。

```
In[7]:import pandas as pd
data1 = pd.read_table('D:\Anaconda\order1.csv', sep=',', encoding='gbk')
data2 = pd.read_table('D:\Anaconda\order2.csv', sep=',', encoding='gbk')
data3 = pd.read_table('D:\Anaconda\order3.csv', sep=',', encoding='gbk')
```

（2）下面采用外连接的方式沿行方向和列方向合并 left 和 right 对象，代码如下所示，结果如图 6-2 所示。

```
In[8]:concat_data=pd.concat([data1,data2,data3],axis=0),
concat_data.head()
Out[8]:
```

	detail_id	order_id	dishes_id	logicprn_name	parent_class_name	dishes_name	itemis_add	counts	amounts	cost	place_order_time
0	2956	417	610062	NaN	NaN	蒜蓉生蚝	0	1.0	49.0	NaN	2016/8/1 11:05
1	2958	417	609957	NaN	NaN	烤羊腿	0	1.0	48.0	NaN	2016/8/1 11:07
2	2961	417	609950	NaN	NaN	大蒜苋菜	0	1.0	30.0	NaN	2016/8/1 11:07
3	2966	417	610038	NaN	NaN	芝麻烤紫菜	0	1.0	25.0	NaN	2016/8/1 11:11
4	2968	417	610003	NaN	NaN	蒜香包	0	1.0	13.0	NaN	2016/8/1 11:11

图 6-2　合并 left 和 right 对象后的数据

任务 6.3　规约餐饮订单数据

【任务描述】

扫一扫，看微课

数据规约类似于数据集的压缩，主要从原有数据集中获得一个精简的数据集，这样可以在降低数据规模的基础上，保留原有数据集的完整性。在使用精简的数据集进行数据分析或数据挖掘时，不仅可以提高工作效率，还可以保证数据分析或数据挖掘的结果与使用原有数据集获得的结果基本相同。

完成数据规约这个过程，可采用 3 种手段，包括维度规约、数量规约和数据压缩，具体介绍如下所示。

1. 维度规约

维度规约是指减少所需属性的数目。数据集中可能包含成千上万个属性，其中绝大部分属性与数据分析或数据挖掘目标无关。为了缩小数据集的规模，我们可以直接删除这些无关的属性，这种操作就是维度规约。

维度规约的主要手段是属性子集选择。属性子集选择通过删除不相关或冗余的属性，从原有数据集中选出一个具有代表性的样本子集，使样本子集的分布尽可能地接近所有数据集的分布。

2. 数量规约

数量规约是指用较小规模的数据替换或估计原数据，主要包括回归与线性对数模型、直方图、聚类、采样和数据立方体几种方法。其中，直方图是一种流行的数量规约方法，可以将给定属性的数据分布划分为不相交的子集或桶（给定属性的一个连续区间）。

3. 数据压缩

数据压缩是指利用编码或转换，将原有数据集压缩为一个较小规模的数据集。若原有数据集能够从压缩后的数据集中重构，且不损失任何信息，则该数据压缩是无损压缩；若原有数据集只能从压缩后的数据集中近似于重构，则该数据压缩是有损压缩。在进行数据挖掘时，数据压缩通常采用两种有损压缩方法，分别是小波转换和主成分分析。这两种方法都会把原有数据转换或投影到较小的空间。

【知识准备】

1. 重塑分层索引

重塑分层索引是 pandas 中简单的维度规约操作，该操作主要将 DataFrame 类对象的列索引转换为行索引，从而生成一个具有分层索引的结果对象。

2. 降采样

降采样是一种简单的数量规约操作，主要将高频率采集的数据规约到低频率采集的数据中。例如，从每天采集一次数据减少到每月采集一次数据，这样会增大采样的时间粒度，并且在一定程度上能减少数据量。

【任务实施】

（1）concat_data_drop 起初是一个只有单层索引的二维数据，代码如下所示。图 6-3 所示为运行 concat_data_drop 后的结果数据。

```
In[9]:import numpy as np
concat_data_drop
Out[9]:
```

	detail_id	order_id	dishes_id	logicprn_name	parent_class_name	dishes_name	itemis_add	counts	amounts	cost	place_order_time
0	2956	417	610062	NaN	NaN	蒜蓉生蚝	0	1.0	49.0	NaN	2016/8/1 11:05
1	2958	417	609957	NaN	NaN	烤羊腿	0	1.0	48.0	NaN	2016/8/1 11:07
2	2961	417	609950	NaN	NaN	大蒜苋菜	0	1.0	30.0	NaN	2016/8/1 11:07
3	2966	417	610038	NaN	NaN	芝麻烤紫菜	0	1.0	25.0	NaN	2016/8/1 11:11
4	2968	417	610003	NaN	NaN	蒜香包	0	1.0	13.0	NaN	2016/8/1 11:11

图 6-3 运行 concat_data_drop 后的结果数据

（2）运行 concat_data_drop 后的结果数据经过重塑之后，生成了一个有两层索引结构的 result 对象。

在 pandas 中，使用 stack()方法可以实现重塑分层索引操作，代码如下所示。

```
In[10]:result=concat_data.stack
result.head(22)
Out[10]:
0    detail_id          2956
     order_id           417
     dishes_id          610062
     dishes_name        蒜蓉生蚝
     itemis_add         0
     counts             1.0
     amounts            49.0
     add_inprice        0
     emp_id             1442
1    detail_id          2958
     order_id           417
     dishes_id          609957
     dishes_name        烤羊腿
     itemis_add         0
     counts             1.0
     amounts            48.0
     add_inprice        0
     emp_id 1442 dtype:    object
```

任务 6.4　转换餐饮订单数据

【任务描述】

在对数据进行分析和挖掘前，数据必须满足一定的条件。例如，在进行方差分析时，要求数据具有正态性、方差齐性、独立性、无偏性，需要进行平方根、对数、平方根反正弦的操作，实现从一种形式到另一种"适当"形式的转换，以满足数据分析或数据挖掘的需求。这个过程就是数据转换。

数据转换主要是指从数据中找到特征表示，并通过一些转换方法减少有效变量的数量或找到数据的不变式，常见的操作可以分为数据标准化处理、数据离散化处理和数据泛化处理 3 类。

【知识准备】

1. 数据标准化处理

数据标准化处理是将数据按照一定的比例进行缩放，使数据映射到一个比较小的特定区间。例如，月工资30000元映射到[0,1]区间后变成0.3元。

数据标准化处理的目的在于避免数据量级对模型训练造成影响。数据标准化处理主要包括以下3种常用的方法。

- 最小-最大标准化：又被称为离差标准化，主要对数据进行线性变换，使数据范围变为[0,1]区间。
- 均值标准化：又被称为标准差标准化，通过该方法处理的新数据的平均值为0，标准差为1。
- 小数定标标准化：移动数据的小数点，使数据映射到[-1,1]区间。

2. 数据离散化处理

数据离散化处理一般是在数据的取值范围内设定若干个离散的划分点，将取值范围划分为若干个离散的区间，分别用不同的符号或整数值代表落在每个子区间的数值。例如，取值范围0～60被划分为3个区间，即[0,20]、[21,40]、[41,60]，数值11落在[0,20]区间。

数据离散化处理主要包括等宽法和等频法。其中，等宽法将属性的值域从最小值到最大值划分为具有相同宽度的区间，具体划分多少个区间由数据本身的特点来决定，或者由具有业务经验的用户来指定；等频法将相同数量的数据划分到每个区间，以保证每个区间的数据数量基本一致。

以上两种方法虽然简单，但是都需要人为地规定划分区间的个数。等宽法会不均匀地将属性值划分到各个区间，导致有些区间包含较多数据，有些区间包含较少数据，不利于数据挖掘工作后续决策模型的建立。

3. 数据泛化处理

数据泛化处理是指用高层次概念的数据取代低层次概念的数据。例如，年龄是一个低层次的概念，经过泛化处理后可以变成青年、中年等高层次的概念。

【任务实施】

（1）将时间日期数据转换为天数，代码如下所示，结果如图6-4所示。

```
In[11]:
concat_data['day']=pd.DatetimeIndex(concat_data['place_order_time']).day
concat_data
Out[11]:
```

项目 6　数据预处理

	detail_id	order_id	dishes_id	logicprn_name	parent_class_name	dishes_name	itemis_add	counts	amounts	cost	place_order_time
0	2956	417	610062	NaN	NaN	蒜蓉生蚝	0	1.0	49.0	NaN	2016/8/1 11:05
1	2958	417	609957	NaN	NaN	烤羊腿	0	1.0	48.0	NaN	2016/8/1 11:07
2	2961	417	609950	NaN	NaN	大蒜苋菜	0	1.0	30.0	NaN	2016/8/1 11:07
3	2966	417	610038	NaN	NaN	芝麻烤紫菜	0	1.0	25.0	NaN	2016/8/1 11:11
4	2968	417	610003	NaN	NaN	蒜香包	0	1.0	13.0	NaN	2016/8/1 11:11
...	...	...	...	...	...	...	...	...	...	...	...
3606	5683	672	610049	NaN	NaN	爆炒双丝	0	1.0	35.0	NaN	2016/8/31 21:53
3607	5686	672	609959	NaN	NaN	小炒羊腰\r\n\r\n\r\n	0	1.0	36.0	NaN	2016/8/31 21:54
3608	5379	647	610012	NaN	NaN	香菇鹌鹑蛋	0	1.0	39.0	NaN	2016/8/31 21:54
3609	5380	647	610054	NaN	NaN	不加一滴油的酸奶蛋糕	0	1.0	7.0	NaN	2016/8/31 21:55
3610	5688	672	609953	NaN	NaN	凉拌菠菜	0	1.0	27.0	NaN	2016/8/31 21:56

10037 rows × 20 columns

图 6-4　将时间日期数据转换为天数后的结果

（2）将时间日期数据转换为星期，代码如下所示，结果如图 6-5 所示。

```
In[12]: week=pd.DatetimeIndex(concat_data['place_order_time'])
concat_data['week']=week.day_name()
concat_data.sample(5)
Out[12]:
```

	detail_id	order_id	dishes_id	logicprn_name	parent_class_name	dishes_name	itemis_add	counts	amounts
626	2887	1044	609994	NaN	NaN	独家薄荷鲜虾牛肉卷\r\n\r\n\r\n	0	1.0	45.0
2410	7066	801	609970	NaN	NaN	麻辣小龙虾	0	1.0	99.0
2325	7284	822	609944	NaN	NaN	水煮鱼	0	1.0	65.0
3192	3582	1102	609956	NaN	NaN	孜然羊排	0	1.0	88.0
45	2912	409	609970	NaN	NaN	麻辣小龙虾	0	1.0	99.0

5 rows × 21 columns

图 6-5　将时间日期数据转换为星期后的结果

任务 6.5　分组与聚合餐饮订单数据

【任务描述】

扫一扫，看微课

分组与聚合是常见的数据转换操作。其中，分组是指根据分组条件（一个或多个键）将原数据拆分为若干个分组；聚合是指任何能从分组数据生成标量值的变换过程，这个过程主要对各分组应用同一种操作，并把操作所得的结果整合到一起，生成一组新数据。分组与聚合操作大致历经以下 3 种操作。

(1) 拆分：将原数据按分组条件拆分为若干个分组。
(2) 应用：将各分组应用同一种操作，产生一个标量值。
(3) 合并：将产生的标量值合成为新数据。

【知识准备】

1. 分组

pandas 中的 groupby()方法根据键将原数据拆分为若干个分组，拆分数据后会返回一个 GroupBy 类对象。该对象是一个可迭代对象，其中包含每个分组的具体信息，但无法直接显示。若 DataFrame 类对象调用 groupby()方法，则会返回一个 DataFrameGroupBy 类对象；若 Series 类对象调用 groupby()方法，则会返回一个 SeriesGroupBy 类对象。DataFrameGroupBy 类对象是 GroupBy 类的子类。

2. 聚合

在 pandas 中，可通过多种方式实现聚合，除了内置统计方法，还包括 agg()、transform() 和 apply()方法。

【任务实施】

（1）对数据进行分组，代码如下所示。

```
In[13]:Gb_obj=
Concat_data_drop[['dishes_name','price']].groupby(by='dishes_names')
For group in gb_obj
Print(group)
Out[13]: ('42度海之蓝', dishes_name, price
56          42度海之蓝    99.0
804         42度海之蓝    279.0
2530        42度海之蓝    99.0
3033        42度海之蓝    99.0
3286        42度海之蓝    99.0
3726        42度海之蓝    99.0
4226        42度海之蓝    279.0
4964        42度海之蓝    99.0
6330        42度海之蓝    99.0
6498        42度海之蓝    99.0
6609        42度海之蓝    99.0
7216        42度海之蓝    99.0
...
)
```

（2）获取烤羊腿的数据，代码如下所示。
```
In[14]:Result_group=dict([x for x in gb_obj])['烤羊腿']
Out[14]:
     dishes_names   price
1        烤羊腿       48.0
32       烤羊腿       48.0
52       烤羊腿       48.0
97       烤羊腿       48.0
316      烤羊腿       48.0
401      烤羊腿       48.0
447      烤羊腿       48.0
489      烤羊腿       48.0
```

（3）使用 max()方法聚合分组数据，并查看每个组中的最大值，代码如下所示。
```
In[15]:import numpy as np
print('price',
      gb_obj.max()))
Out[15]:
dishes_name            price
42度海之蓝              297.0
北冰洋汽水               40.0
38度剑南春               80.0
50度古井贡酒             90.0
52度泸州老窖            159.0
...                    ...
麻辣小龙虾              198.0
黄尾袋鼠西拉子红葡萄酒    92.0
黄油曲奇饼干             48.0
黄花菜炒木耳             35.0
黑米恋上葡萄             66.0
```

（4）使用 transform()方法聚合 groupby_obj 对象的数据，并使用 max()函数求各列数据中的最大值，代码如下所示。
```
In[16]:import numpy as np
print(
      gb_obj.transform('max')))
Out[16]:
price
0        49.0
1        48.0
3        30.0
4        50.0
5        91.0
...       ...
10032    35.0
10033    36.0
```

数据分析基础

```
10034    39.0
10035    14.0
10036    54.0
```

【项目小结】

本项目以餐饮订单数据为例,实现了数据分析的预处理过程,即数据清洗、数据集成、数据归约、数据转换、数据分组与聚合。

【技能训练】

对广州珠江水道水质化验数据表中的数据进行标准化和转换。

项目 7

基于 sklearn 的数据分析实战

学习目标

【知识目标】

（1）加载 datasets 模块中的数据集。
（2）将数据集划分为训练集和测试集。
（3）使用 sklearn 转换器进行数据预处理。
（4）使用 sklearn 估计器构建聚类模型、分类模型、回归模型、决策树模型。

【技能目标】

（1）掌握 sklearn 中常见的数据集划分的方法。
（2）掌握 sklearn 中清洗、预处理数据的方法。
（3）掌握使用 sklearn 构建常用的模型的方法。

【素质目标】

在实际的数据分析工作中，数据分析师很多时候会比较纠结。当网站的运营出现问题时，其症结在哪里？往往存在很多可能性。这就需要数据分析师重复"假设→探索→否定"的过程，甚至有时会陷入山穷水尽的境地。

数据分析师只有具备坚持不懈的品质，才能"柳暗花明又一村"。若数据分析师只是浅尝辄止、敷衍了事，则难以发挥数据分析的任何价值，最终将面临被淘汰的结局。

项目背景

sklearn 整合了多种机器学习算法，可以帮助使用者在数据分析过程中快速构建模型，并且模型接口统一，使用起来十分方便。同时，sklearn 具有优秀的官方文档，其中知识点详细，内容丰富。本项目将基于 sklearn 的官方文档，介绍 sklearn 的基础语法和数据处理等。

任务流程

第 1 步：了解 sklearn 模块并使用该模块对数据进行预处理。
第 2 步：将数据划分为训练集和测试集。
第 3 步：使用 sklearn 模块对数据集构建回归模型并进行分析与评价。
第 4 步：对处理后的数据集构建决策树模型。
第 5 步：对处理后的数据集进行预测分析。
第 6 步：对处理后的数据集进行关联分析。
第 7 步：对处理后的数据集进行聚类分析。

任务 7.1　预处理广州珠江水道水质化验数据

【任务描述】

数据预处理是在开展数据分析、挖掘、建模工作之前的准备工作的统称，包括数据缺失值处理、异常值处理、重复值处理、数据抽样、数据格式与值变换、数据标准化与归一化、离散化与二元化、分类特征处理、特征选择、分词、文本转向量等操作。本任务针对广州珠江水道水质化验数据进行预处理。

【知识准备】

为了使用机器学习来解决现实生活中的问题，我们经常从预处理原数据开始。在 Python 常用的数据分析工具中，通常使用 pandas 软件包预处理原数据，并将数据转化为张量格式。

【任务实施】

（1）读取广州珠江水道水质化验数据，代码如下所示，结果如图 7-1 所示。

```
In[1]:data= pd.read_excel('D:\Anaconda\ zjsd_水质化验结果.xlsx')
print('广州珠江水道水质化验结果为: ', data.head())
Out[1]:广州珠江水道水质化验结果为:
```

项目 7　基于 sklearn 的数据分析实战

	点位	经度	纬度	悬浮物	高锰酸盐指数	叶绿素a	悬浮泥沙	氨氮	总磷	总氮	分类
0	A1	113.485272	23.068050	20	3.6	37.3	13	0.78	0.20	3.84	3
1	A2	113.463089	23.088044	44	4.8	40.3	32	1.01	0.32	3.96	5
2	A3	113.430136	23.094431	16	4.5	93.2	10	2.56	0.25	5.55	6
3	A4	113.404378	23.103306	48	5.6	83.2	35	2.93	0.40	6.13	6
4	A5	113.382728	23.110631	76	7.0	70.3	50	2.50	0.36	4.82	6

图 7-1　广州珠江水道水质化验结果

（2）分析数据的分布趋势，可以对数据的分布有进一步的认知，代码如下所示，结果如图 7-2 所示。

```
In[2]:Data.describe(include='all').round(2)
Out[2]:
```

	点位	经度	纬度	悬浮物	高锰酸盐指数	叶绿素a	悬浮泥沙	氨氮	总磷	总氮	分类
count	21	21.00	21.00	21.00	21.00	21.00	21.00	21.00	21.00	21.00	21.00
unique	21	NaN	NaN	NaN	NaN	NaN	NaN	NaN	NaN	NaN	NaN
top	A1	NaN	NaN	NaN	NaN	NaN	NaN	NaN	NaN	NaN	NaN
freq	1	NaN	NaN	NaN	NaN	NaN	NaN	NaN	NaN	NaN	NaN
mean	NaN	113.33	23.09	26.10	5.06	60.16	17.71	2.37	0.24	4.68	5.00
std	NaN	0.09	0.03	15.79	1.60	31.85	10.92	1.44	0.09	1.59	1.38
min	NaN	113.21	23.04	13.00	2.80	14.00	8.00	0.57	0.11	2.38	3.00
25%	NaN	113.25	23.07	15.00	3.60	31.10	10.00	0.80	0.13	3.10	3.00
50%	NaN	113.32	23.11	20.00	5.20	70.30	14.00	2.50	0.25	4.94	6.00
75%	NaN	113.40	23.11	31.00	6.40	93.20	22.00	3.85	0.28	6.21	6.00
max	NaN	113.49	23.15	76.00	7.20	100.00	50.00	4.52	0.40	6.61	6.00

图 7-2　数据分布趋势

（3）统计数据中是否存在缺失值，代码如下所示，结果如图 7-3 所示。由图 7-3 可知，该数据中不存在缺失值。

```
In[3]:import numpy as np
data.isnull()
Out[3]:
```

（4）若数据量很大，则可以统计缺失值总量，代码如下所示。由代码运行结果可知，当前数据中不存在缺失值，所以不做任何处理。缺失值处理到此结束。

```
In[4]:Data.isnull().any(axis=1).sum()
Out[4]: 0
```

95

数据分析基础

	点位	经度	纬度	悬浮物	高锰酸盐指数	叶绿素a	悬浮泥沙	氨氮	总磷	总氮	分类
0	False	False	False	False	False	False	False	False	False	False	False
1	False	False	False	False	False	False	False	False	False	False	False
2	False	False	False	False	False	False	False	False	False	False	False
3	False	False	False	False	False	False	False	False	False	False	False
4	False	False	False	False	False	False	False	False	False	False	False
5	False	False	False	False	False	False	False	False	False	False	False
6	False	False	False	False	False	False	False	False	False	False	False
7	False	False	False	False	False	False	False	False	False	False	False
8	False	False	False	False	False	False	False	False	False	False	False
9	False	False	False	False	False	False	False	False	False	False	False
10	False	False	False	False	False	False	False	False	False	False	False
11	False	False	False	False	False	False	False	False	False	False	False
12	False	False	False	False	False	False	False	False	False	False	False
13	False	False	False	False	False	False	False	False	False	False	False

图 7-3　统计数据中是否存在缺失值

（5）使用箱形图查看数据类型为数值类型的列异常值，代码如下所示，结果如图 7-4 所示。

```
In[5]:import matplotlib as mpl
import matplotlib.pyplot as plt
ax=plt.subplot()
ax.boxplot(data[['悬浮物','高锰酸盐指数','叶绿素a', '悬浮泥沙','氨氮', '总磷', '总氮','分类']])
Out[5]:
```

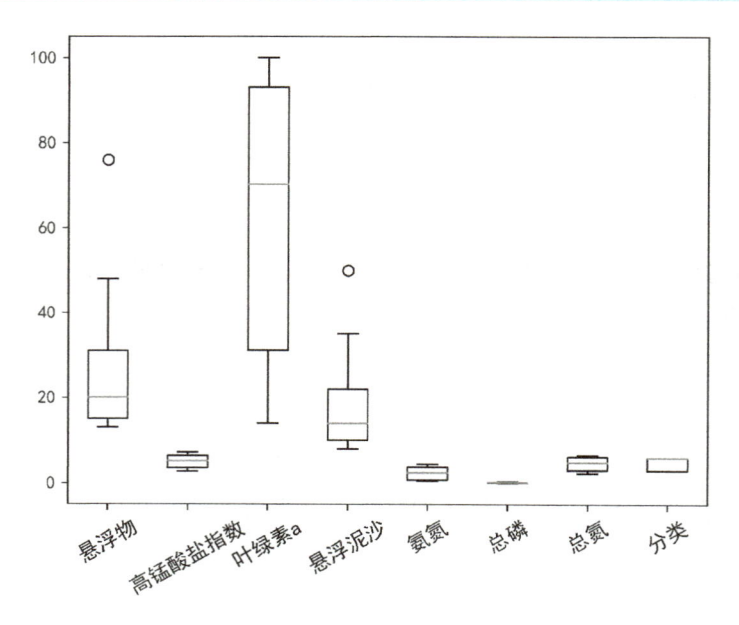

图 7-4　数值类型的列异常值的箱形图

由图 7-4 可知，悬浮物和悬浮泥沙两列一共存在两个异常值，对此我们可以对异常值进行处理。

（6）基于经验值的判断和选择，需要在对数据分布比较熟悉的情况下，与委托方沟通数据的真实性，是否存在人工错漏的可能性，若数据是真实的，则可不做处理。

（7）首先，基于不同字段的平均值和标准差求出异常数据的分布范围；然后，处理异常范围内的数据、填充平均值等，代码如下所示。

```
In[6]:import numpy as np
def outlier(sub_data,each_col):
  mean_=sub_data[each_col].mean()
  std_= sub_data[each_col].std()
   scope_min,scope_max=mean-2*std_,mean_+2*std_
   is outlier=( sub_data[each_col]<scope_min| sub_data[each_col]>scope_max)
    sub_data[is_outlier]=mean_
print(np.sum(is_outlier))
retrun sub_data
```

（8）使用平均值异常处理函数替换异常值，代码如下所示，结果如图 7-5 所示。

```
In[7]:data['悬浮物']= process_outlier(data[['悬浮物']],'悬浮物')data['悬浮物']
data['悬浮泥沙']= process_outlier(data[['悬浮泥沙']],'悬浮泥沙')data['悬浮泥沙']
Out[7]:
```

0	20.000000		0	13.000000
1	22.562574		1	32.000000
2	16.000000		2	10.000000
3	23.718821		3	16.176871
4	26.095238		4	17.714286
5	27.000000		5	22.000000
6	31.000000		6	22.000000
7	15.000000		7	11.000000
8	24.000000		8	16.000000
9	23.000000		9	15.000000
10	22.000000		10	14.000000
11	17.000000		11	14.000000
12	20.473296		12	21.000000
13	22.562574		13	30.000000
14	15.000000		14	10.000000
15	13.000000		15	9.000000
16	16.000000		16	11.000000
17	13.000000		17	8.000000
18	15.000000		18	9.000000
19	14.000000		19	8.000000
20	20.000000		20	12.000000
Name: 悬浮物, dtype: float64			Name: 悬浮泥沙, dtype: float64	

图 7-5 替换异常值

（9）基于分位数的判断和选择，通过分位数的 1/4 和 3/4 分位数与 1.5 的极差确定边界，代码如下所示。

```
In[8]:def process_outlier_2(sub_data, each_col):
  desc = sub_data.describeo().T
```

```
per_25 = desc['25%'].values[0]
per_75 = desc['75%'].values[0]
spacing = per_75- per_25
scope_min, scope_max = per_25-1.5* spacing , per_75+1.5 *spacing
is_outlier = (sub_data[each_col] < scope_min) / (sub_data[each_col] >
scope_max)
sub_data[is_outlier] = desc['mean'].values[0]
print(np.sum(is_outlier))
return sub_data
```

（10）使用分位数异常处理函数替换异常值，结果如图 7-6 所示。

0	20.000000	0	13.000000
1	44.000000	1	32.000000
2	16.000000	2	10.000000
3	48.000000	3	35.000000
4	26.095238	4	17.714286
5	27.000000	5	22.000000
6	31.000000	6	22.000000
7	15.000000	7	11.000000
8	24.000000	8	16.000000
9	23.000000	9	15.000000
10	22.000000	10	14.000000
11	17.000000	11	14.000000
12	34.000000	12	21.000000
13	45.000000	13	30.000000
14	15.000000	14	10.000000
15	13.000000	15	9.000000
16	16.000000	16	11.000000
17	13.000000	17	8.000000
18	15.000000	18	9.000000
19	14.000000	19	8.000000
20	20.000000	20	12.000000
Name: 悬浮物, dtype: float64		Name: 悬浮泥沙, dtype: float64	

图 7-6 处理完的返回结果

（11）判断数据中是否存在重复值。由于该数据中不存在重复值，因此不做任何处理，代码如下所示。

```
In[9]:import numpy as np
print(data[data.duplicated() ])
Out[9]: Empty DataFrame
Columns:[点位,经度,纬度,悬浮物,高锰酸盐指数,叶绿素a,悬浮泥沙,氨氮,总磷,总氮,分类]
Index: []
```

（12）若数据中存在重复值，则可以使用以下方法去除，代码如下所示。

```
In[10]:import numpy as np
data_duplicates = data.drop_duplicates()
```

预处理数据后的结果如图 7-7 所示。

项目 7　基于 sklearn 的数据分析实战

	点位	经度	纬度	悬浮物	高锰酸盐指数	叶绿素a	悬浮泥沙	氨氮	总磷	总氮	分类
0	A1	113.485272	23.068050	20.000000	3.6	37.3	13.000000	0.78	0.20	3.84	3
1	A2	113.463089	23.088044	44.000000	4.8	40.3	32.000000	1.01	0.32	3.96	5
2	A3	113.430136	23.094431	16.000000	4.5	93.2	10.000000	2.56	0.25	5.55	6
3	A4	113.404378	23.103306	23.718821	5.6	83.2	35.000000	2.93	0.40	6.13	6
4	A5	113.382728	23.110631	26.095238	7.0	70.3	17.714286	2.50	0.36	4.82	6
5	A6	113.354358	23.109514	27.000000	5.2	57.8	22.000000	2.16	0.26	5.00	6
6	A7	113.319022	23.111022	31.000000	4.7	55.9	22.000000	2.33	0.23	4.75	6
7	A8	113.278003	23.113686	15.000000	5.7	95.5	11.000000	3.85	0.25	6.32	6
8	A9	113.263528	23.115983	24.000000	6.4	100.0	16.000000	4.03	0.28	6.54	6
9	A10	113.247628	23.109075	23.000000	6.7	94.7	15.000000	4.11	0.27	6.54	6
10	A11	113.239278	23.106947	22.000000	7.2	93.2	14.000000	4.26	0.28	6.48	6
11	A12	113.223836	23.115106	17.000000	6.4	93.2	14.000000	4.52	0.28	6.61	6
12	A13	113.222481	23.139931	34.000000	7.2	83.2	21.000000	4.26	0.38	6.21	6
13	A14	113.210967	23.152103	45.000000	7.2	70.3	30.000000	3.38	0.37	5.10	6
14	B1	113.235058	23.105967	15.000000	5.5	81.0	10.000000	2.62	0.22	4.94	6

图 7-7　预处理数据后的结果

任务 7.2　划分广州珠江水道水质化验数据的训练集与测试集

【任务描述】

由于数据的质量对模型的影响很大，因此需要使用预处理后的数据划分训练集与测试集。接下来对划分数据集做进一步研究。

【知识准备】

1. 划分数据集的流程

机器学习建模大致流程可表述为以下几点。

（1）对原数据做清洗、筛选、特征标记等处理工作。

（2）使用处理后的数据来训练指定模型，并根据诊断情况不断地迭代训练模型。

（3）将训练调整好的模型应用到真实的场景中。

2. 训练集与测试集之间的关系

下面举一个例子来说明训练集与测试集之间的关系。

（1）训练集相当于课后的练习题，用于日常的知识巩固。

（2）测试集相当于期末考试，用于最终评估学习的成果。

【任务实施】

（1）随机抽样，代码如下所示，结果如图 7-8 所示。

```
In[11]:import numpy as np
```

数据分析基础

```
data_sasple=data_duplicates.Sample(frac=0.8)
Out[11]:
```

	点位	经度	纬度	悬浮物	高锰酸盐指数	叶绿素a	悬浮泥沙	氨氮	总磷	总氮	分类
18	B5	113.367622	23.036867	15.000000	3.0	20.1	9.000000	0.80	0.12	2.43	3
8	A9	113.263528	23.115983	24.000000	6.4	100.0	16.000000	4.03	0.28	6.54	6
16	B3	113.291347	23.054217	16.000000	2.8	16.3	11.000000	0.68	0.13	2.41	3
20	B7	113.435639	23.077681	20.000000	3.3	16.0	12.000000	0.62	0.12	2.51	3
4	A5	113.382728	23.110631	26.095238	7.0	70.3	17.714286	2.50	0.36	4.82	6
9	A10	113.247628	23.109075	23.000000	6.7	94.7	15.000000	4.11	0.27	6.54	6
13	A14	113.210967	23.152103	45.000000	7.2	70.3	30.000000	3.38	0.37	5.10	6
10	A11	113.239278	23.106947	22.000000	7.2	93.2	14.000000	4.26	0.28	6.48	6
11	A12	113.223836	23.115106	17.000000	6.4	93.2	14.000000	4.52	0.28	6.61	6
5	A6	113.354358	23.109514	27.000000	5.2	57.8	22.000000	2.16	0.26	5.00	6
15	B2	113.259536	23.068131	13.000000	3.7	31.1	9.000000	1.23	0.13	3.10	4
3	A4	113.404378	23.103306	23.718821	5.6	83.2	35.000000	2.93	0.40	6.13	6
19	B6	113.411881	23.050047	14.000000	2.9	14.0	8.000000	0.67	0.12	2.38	3
14	B1	113.235058	23.105967	15.000000	5.5	81.0	10.000000	2.62	0.22	4.94	6
17	B4	113.329103	23.049967	13.000000	2.8	16.7	8.000000	0.57	0.11	2.63	3
0	A1	113.485272	23.068050	20.000000	3.6	37.3	13.000000	0.78	0.20	3.84	3
12	A13	113.222481	23.139931	34.000000	7.2	83.2	21.000000	4.26	0.38	6.21	6

图 7-8 随机抽样后的数据

（2）分层抽样，代码如下所示，结果如图 7-9 所示。

```
In[12]:import numpy as np
def sub_somple(data,group_name) :
    return data[data[分类]==group_name].sample(frac=0.8)
names=data['分类'].unique()
all_somples =[sub_sample(data,group_nome) for group_name in names ]
samples_pd = pd. concat(all_somples,axis=0)
Out[12]:
```

	点位	经度	纬度	悬浮物	高锰酸盐指数	叶绿素a	悬浮泥沙	氨氮	总磷	总氮	分类
16	B3	113.291347	23.054217	16.000000	2.8	16.3	11.0	0.68	0.13	2.41	3
19	B6	113.411881	23.050047	14.000000	2.9	14.0	8.0	0.67	0.12	2.38	3
18	B5	113.367622	23.036867	15.000000	3.0	20.1	9.0	0.80	0.12	2.43	3
17	B4	113.329103	23.049967	13.000000	2.8	16.7	8.0	0.57	0.11	2.63	3
0	A1	113.485272	23.068050	20.000000	3.6	37.3	13.0	0.78	0.20	3.84	3
1	A2	113.463089	23.088044	44.000000	4.8	40.3	32.0	1.01	0.32	3.96	5
7	A8	113.278003	23.113686	15.000000	5.7	95.5	11.0	3.85	0.25	6.32	6
3	A4	113.404378	23.103306	23.718821	5.6	83.2	35.0	2.93	0.40	6.13	6
11	A12	113.223836	23.115106	17.000000	6.4	93.2	14.0	4.52	0.28	6.61	6
13	A14	113.210967	23.152103	45.000000	7.2	70.3	30.0	3.38	0.37	5.10	6
5	A6	113.354358	23.109514	27.000000	5.2	57.8	22.0	2.16	0.26	5.00	6
10	A11	113.239278	23.106947	22.000000	7.2	93.2	14.0	4.26	0.28	6.48	6
12	A13	113.222481	23.139931	34.000000	7.2	83.2	21.0	4.26	0.38	6.21	6
14	B1	113.235058	23.105967	15.000000	5.5	81.0	10.0	2.62	0.22	4.94	6
8	A9	113.263528	23.115983	24.000000	6.4	100.0	16.0	4.03	0.28	6.54	6
6	A7	113.319022	23.111022	31.000000	4.7	55.9	22.0	2.33	0.23	4.75	6

图 7-9 分层抽样后的数据

(3) 划分 X 轴与 Y 轴的数据, 代码如下所示。

```
In[13]:import numpy as np
X = data_duplicates.iloc[:,3:-1].drop(columns="氨氮")
y = data_duplicates.iloc[:,3:-1]["氨氮"]
```

(4) 使用机器学习的函数划分训练集和测试集, 代码如下所示。

```
In[14]:import numpy as np
from sklearn.model_selection import train_test_split
x_train,x_test,y_train,y_test = train_test_split(X,
Y,test_size=0.2,random_state=1)
print(f'NH4浓度模型的平均准确度为: ',linear_NH4.score(x_test,y_test))
print(f'NH4浓度模型的系数为: ',linear_NH4.coef_)
print(f'NH4浓度模型的常数项为: ',linear_NH4.intercept_)
Out[14]:NH4浓度模型的平均准确度为:  0.9529826740103612
NH4浓度模型的系数为:  [ 0.04596625  0.58854804 -0.01120542 -0.07139657 -6.13900882
 0.88365433]
NH4浓度模型的常数项为:  -2.5274013694359985
```

任务 7.3　构建与评价广州珠江水道总氮浓度的回归模型

【任务描述】

回归分析是一种通过构建模型来研究变量之间相互关系的密切程度、结构状态,以及进行模型预测的有效工具。下面通过构建回归模型对广州珠江水道总氮浓度进行分析。

【知识准备】

1. 回归类型的判定

根据因变量判定回归类型。

(1) 线性回归: 因变量是定量数据且有 1 个或多个。

(2) Logistic 回归: 因变量是分类数据且仅有 1 个。

(3) 偏最小二乘回归: 因变量是定量数据但是有多个。

2. 常见的回归模型的介绍

(1) 线性回归: 对一个或多个自变量和因变量之间的线性关系进行建模,可以用最小二乘法求解模型系数。

(2) 非线性回归: 对一个或多个自变量和因变量之间的非线性关系进行建模。若非线性关系可以通过简单的函数转化为线性关系,则用线性回归的思想进行求解。若不能求解,则用非线性最小二乘法进行求解。

（3）Logistic 回归：广义性回归模型的特例，利用 Logistic 函数将因变量的取值范围控制在 0 和 1 之间，表示取值为 1 的概率。

（4）岭回归：一种改进最小二乘估计法的方法。

（5）主成分回归：它是根据主成分分析的思想提出来的，也是对最小二乘法的一种改进，还是参数估计的一种有偏估计，可以消除自变量之间的多重共线性。

【任务实施】

（1）导入机器学习中的 LinearRegression 模型并进行实例化，代码如下所示。

```
In[15]:from sklearn.linear_model import LinearRegression
linear_NH4 = LinearRegression()
```

（2）将测试集中的数据导入模型并进行训练，代码如下所示。

```
In[16]:import numpy as np
linear_NH4.fit(x_train,y_train)
```

（3）查看模型的准确度及相关系数，代码如下所示。

```
In[17]:from sklearn.linear_model import LinearRegression
linear_NH4 = LinearRegression ()
linear_NH4.fit(x_train, y_train)
print(f'NH4浓度模型的平均准确度为：',linear_NH4.score (x_test, y_test))
print(f'NH4浓度模型的系数为：',linear_NH4.coef_)
print(f'NH4浓度模型的常数项为：',linear_NH4.intercept_)
Out[17]: NH4浓度模型的平均准确度为：0.9529826740103612
NH4浓度模型的系数为：[ 0.0459662500.58854804-0.01120542-0.07139657-
6.139008820.88365433]
NH4浓度模型的常数项为：-2.5274013694359985
```

由此可以得出线性回归方程构造，如下所示。

$y = -2.527+0.045x_1+0.588x_2-0.011x_3-0.071x_4-6.139x_5+0.883x_6$
NH4浓度模型的平均准确度为0.944

（4）引入线性回归模型评估相关库，评价 NH4 浓度模型，代码如下所示。

```
In[18]:import statsmodels.api as sm
x2 =sm. add_constant(x_test)
est =sm.OLS(y_test,x2).fit ()
print(est. summary())

Out[18]:
Dep. Variable:              氨氮        R-squared:              1.000
Model:                       OLS        Adj.R-squared:            nan
Method:            Least Squares        F-statistic:              nan
Date:          Sun, 19 Mar 2023        Prob(F-statistic):         nan
Time:                   14:23:18        Log-Likelihood:         155.72
No.Observations:               5        AIC:                   -301.4
Df Residuals:                  0        BIC:                   -303.4
```

```
Df Model:                            4
Covariance Type:            nonrobust
==================================================================
                 coef     std err       t      P>|t|    [0.025    0.975]
------------------------------------------------------------------
const          0.0137       inf        0       nan      nan       nan
悬浮物         0.0530       inf        0       nan      nan       nan
高锰酸盐指数   0.0592       inf        0       nan      nan       nan
叶绿素a        0.0540       inf        0       nan      nan       nan
悬浮泥沙      -0.1012       inf        0       nan      nan       nan
总磷          -0.0021       inf       -0       nan      nan       nan
总氮          -0.1486       inf       -0       nan      nan       nan
==================================================================
Omnibus:                         nan    Durbin-Watson:        0.731
Prob(Omnibus):                   nan    Jarque-Bera (JB):     0.757
Skew:                          0.913    Prob(JB):             0.685
Kurtosis:                      2.450    Cond. No.              560.
==================================================================

Notes:
[1] Standard Errors assume that the covariance matrix of the errors is correctly
specified.
[2] The input rank is higher than the number of observations.
```

由代码运行结果可知，Logitstic 模型的 R-squared 值为 1.000，整体拟合效果不是特别好，过于拟合，可能是本案例中的数据量偏少，不过对于此数据量，这也算是可以接受的结果。至此，Logistic 模型的构建与评价已经完成。

任务 7.4　构建广州珠江水道水质类别的决策树模型

【任务描述】

决策树模型是机器学习的各种算法模型中比较好理解的一种模型，基本原理是通过对一系列问题进行 if/else 的推导，最终实现相关决策。下面通过构建决策树模型对广州珠江水道水质类别进行推断。

【知识准备】

1. 决策树的简介

决策树是一种树形结构，树内部的每个节点表示一个属性上的测试，每个分支表示一个测试输出，每个叶子节点表示一个分类类别。

（1）根节点：顶层的分类条件。

（2）中间节点：中间分类条件。

（3）分支：每个条件的输出。

（4）叶节点：每个类别。

2. 决策树模型建树的主要依据

决策树模型建树的主要依据是基尼系数和信息熵。

（1）基尼系数用于计算一个系统中的失序现象，即系统的混乱程度。

（2）基尼系数越高，系统的混乱程度就越高。由于决策树模型的目的是降低系统的混乱程度，从而得到合适的数据分类结果，因此要求选择基尼系数低的特征进行建树。

（3）信息熵的作用和基尼系数的基本一致，都可以帮助我们合理地划分节点。

（4）基尼系数涉及平方运算，而信息熵涉及相对复杂的对数函数运算，因此目前决策树模型默认使用基尼系数作为建树依据。

【任务实施】

（1）将悬浮物、高锰酸钾指数、叶绿素 a、悬浮泥沙、氨氮、总磷、总氮划分为 X 轴，将分类结果划分为 Y 轴，代码如下所示。

```
In[19]:from sklearn.model_selection import train_test_split
X= data_duplicates.iloc[:,3:-1]
Y = data_duplicates.iloc[:,-1:]
x_train,x_test,y_train,y_test = train_test_split(X, Y, test_size=0.2,
random_state=1)
```

（2）导入机器学习中的 DecisionTreeClassifier 模型并进行实例化，代码如下所示。

```
In[20]:from sklearn.tree import DecisionTreeClassifier
dtc = DecisionTreeClassifier(random_state=O)
```

（3）将划分的数据集导入模型并进行训练，代码如下所示。

```
In[21]:dtc.fit(x_train, y_train)
```

（4）查看模型的预测值及准确度，代码如下所示。

```
In[22]:y_pred = dtc.predict(x_test)
a = pd.DataFrame()
a['预测值']= list(y_pred)
a['实际值']= list(y_test['分类'])print(a)
print("dtc模型优化后的平均准确度:" , dtc.score(x_test, y_test))
Out[22]:
  预测值  实际值
0   5    4
1   6    6
2   6    6
3   3    3
4   3    3
```

dtc模型优化后的平均准确度: 0.8

(5) 评估特征的重要性,代码如下所示。由此代码运行结果可知,影响分类结果的因素与氨氮和悬浮泥沙相关。

```
In[23]:features =x.columns
importances = dtc.feature_importances_
importances_df =pd.DataFrame ()
importances_df['特征名称']= features
importances_df['特征重要性']= importances
importances_df.sort_values("特征重要性" , ascending=False)
Out[23]
       特征名称      特征重要性
0      氨氮        1.0
1      悬浮泥沙      0.0
…      …         …
```

(6) 评价模型,代码如下所示。

```
In[24]:from sklearn.metrics import confusion_matrix,classification_report
print(confusion_matrix(y_test, dtc. predict(x_test)))
print(classification_report(y_test,dtc. predict(x_test)))
Out[24]:

[[2 0 0]
 [1 0 0]
 [0 0 2]]
         precision    recall  f1-score   support

       3      0.67      1.00      0.80         2
       4      0.00      0.00      0.00         1
       6      1.00      1.00      1.00         2

accuracy                          0.80         5
macro avg     0.56      0.67      0.60         5
weighted avg  0.67      0.80      0.72         5
```

任务 7.5　基于餐饮订单数据的销售额预测分析

【任务描述】

随着互联网的普及与发展,餐饮行业成为线上互联网连接线下的重要入口。餐饮行业作为传统行业,为了提高订单量和降低成本,需要对某餐饮订单数据的销售额进行预测分析。

【任务实施】

（1）导入餐饮订单原数据并合并成一个大数据集，代码如下所示，结果如图 7-10 所示。

```
In[25]:import pandas as pd
data1 = pd.read_table('D:\Anaconda\order1.csv', sep=',', encoding='gbk')
data2 = pd.read_table('D:\Anaconda\order2.csv', sep=',', encoding='gbk')
data3 = pd.read_table('D:\Anaconda\order3.csv', sep=',', encoding='gbk')
concat_data=pd.concat(data1,data2,data3,axis=0)
cont_data.head()
Out[25]:
```

	index	detail_id	order_id	dishes_id	logicprn_name	parent_class_name	dishes_name	itemis_add	counts	amounts	cost
0	0	2956	417	610062	NaN	NaN	蒜蓉生蚝	0	1.0	49.0	NaN
1	1	2958	417	609957	NaN	NaN	烤羊腿	0	1.0	48.0	NaN
2	2	2961	417	609950	NaN	NaN	大蒜苋菜	0	1.0	30.0	NaN
3	3	2966	417	610038	NaN	NaN	芝麻烤紫菜	0	1.0	25.0	NaN
4	4	2968	417	610003	NaN	NaN	蒜香包	0	1.0	13.0	NaN

图 7-10 合并后的数据

（2）删除无用的列，代码如下所示，结果如图 7-11 所示。

```
In[26]:concat_ data.dropna (axis=1, inplace =True)
Out[26]:
```

	index	detail_id	order_id	dishes_id	dishes_name	itemis_add	counts	amounts	place_order_time	add_inprice	pic
0	0	2956	417	610062	蒜蓉生蚝	0	1.0	49.0	2016/8/1 11:05	0	caipu/10
1	1	2958	417	609957	烤羊腿	0	1.0	48.0	2016/8/1 11:07	0	caipu/20
2	2	2961	417	609950	大蒜苋菜	0	1.0	30.0	2016/8/1 11:07	0	caipu/30
3	3	2966	417	610038	芝麻烤紫菜	0	1.0	25.0	2016/8/1 11:11	0	caipu/10
4	4	2968	417	610003	蒜香包	0	1.0	13.0	2016/8/1 11:11	0	caipu/50
...	...	...	...	...	...	...	...	...	...	...	...
10032	3606	5683	672	610049	爆炒双丝	0	1.0	35.0	2016/8/31 21:53	0	caipu/30
10033	3607	5686	672	609959	小炒羊腰\r\n\r\n\r\n	0	1.0	36.0	2016/8/31 21:54	0	caipu/20
10034	3608	5379	647	610012	香菇鹌鹑蛋	0	1.0	39.0	2016/8/31 21:54	0	caipu/30
10035	3609	5380	647	610054	不加一滴油的酸奶蛋糕	0	1.0	7.0	2016/8/31 21:55	0	caipu/50
10036	3610	5688	672	609953	凉拌菠菜	0	1.0	27.0	2016/8/31 21:56	0	caipu/30

10037 rows × 12 columns

图 7-11 删除无用的列后的数据

（3）进行销售价格计算的预处理，同时将订单日期与星期进行预处理以实现相对应，代码如下所示。

```
In[27]:concat_data['price'] =concat_data['counts']*concat_data['amounts']
# 订单日期与星期相对应
ind = pd.DatetimeIndex(concat_data['place_order_time'])
concat_data['weekday_name'] = ind
concat_data['day']=pd.DatetimeIndex(concat_data['place_order_time']).day
```

（4）分析销售额随时间变化的趋势，代码如下所示，结果如图 7-12 所示。

```
In[28]: import numpy as np
import matplotlib.pyplot as plt
data_gb = concat_data[['day' , 'price' ]].groupby (by='day')
number =data_gb.agg (np.sum)
plt.figure(figsize=(10,7))# 设置绘图窗口
plt.rcParams['font.sans-serif'] ='SimHei'# 中文字体
plt.scatter(range(1,32),number,marker='D')
plt.plot(range(1,32),np.array(number),color='y')
plt.title('2016年8月餐饮销售额趋势示意图')
plt.ylabel('销售额')
plt.xlable(日期)
plt.xticks(range(1,32)[::7], range(1, 32)[::7])
plt.text(number['price'].argmin(),number ['price'].min(),'最小值为
'+str(number['price'].min())
Out[28]:
```

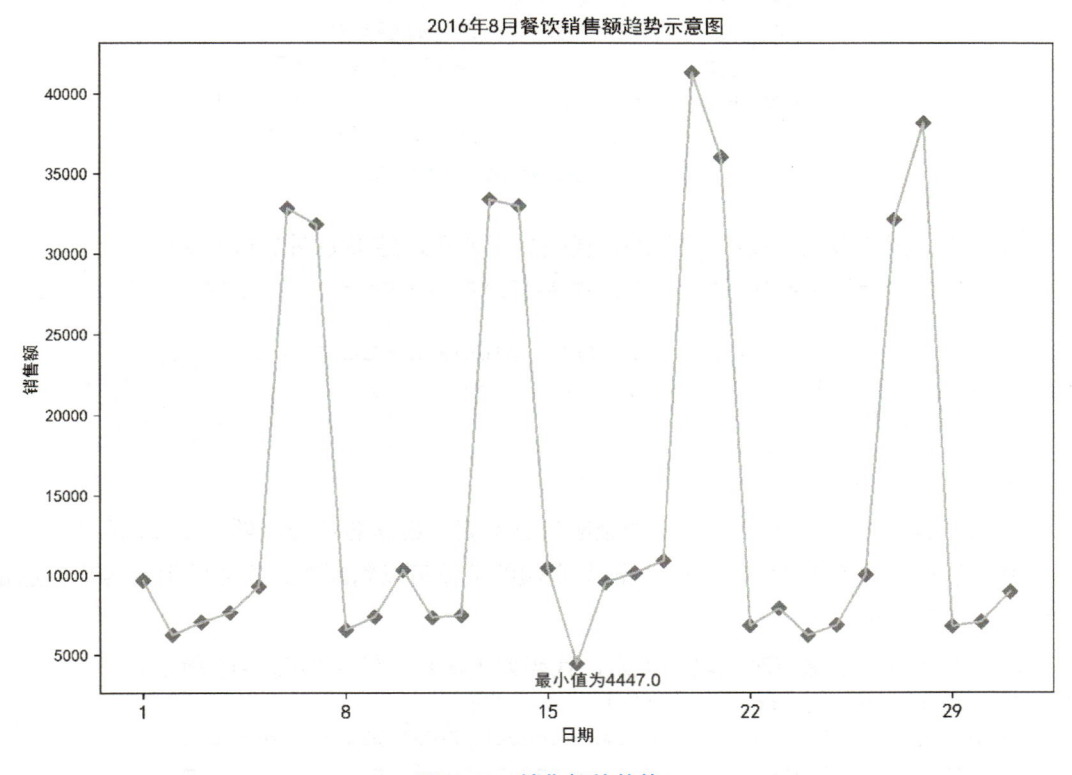

图 7-12　销售额的趋势

数据分析基础

从图 7-12 可知，销售额有一个很明显的周期性，周六和周日的销售额往往是一周内最高的，工作日的销售额较低，这符合大众的休息规律，而整个月最低的销售额出现在 16 日这一天。

（5）统计销售数量前十的菜品，代码如下所示，结果如图 7-13 所示。

```
In[29]:dishes_count = concat_data['dishes_name'].value_counts() [:10]
dishes_count = concat_data['dishes_name'].value_counts() [:10]
dishes_count.plot(kind='barh',fontsize=16,color='y')
for x,y in enumerate(dishes_count) :
plt.text(y+10,x, y,ha='center',fontsize=12)
Out[29]:
```

从图 7-13 可知，米饭类和海鲜类的销售数量是最多的，另外菠菜和焖猪手也比较热门，这为商家进口原材料的方向提供了依据。

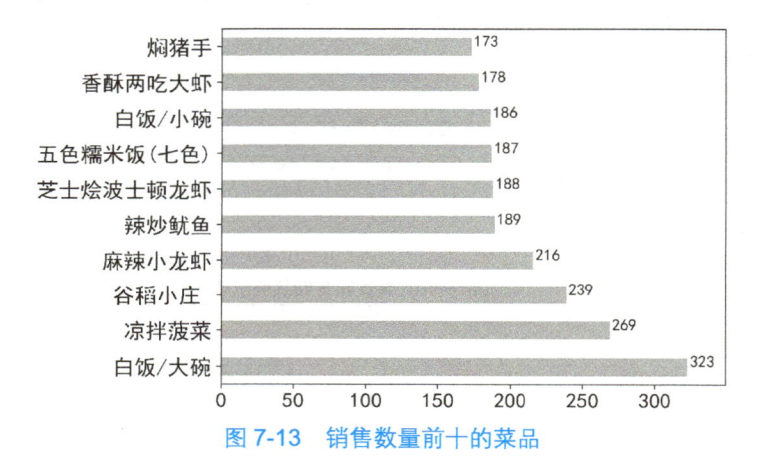

图 7-13　销售数量前十的菜品

（6）统计消费金额最高的订单 ID，代码如下所示，结果如图 7-14 所示。

```
In[30]:sort_total_amounts = Group_sum.sort_values(by =' total_amounts',
ascending=False)
sort_total_amounts["total_amounts'][:10].plot(kind='bar',color="r")
plt.xlabel('订单ID')
plt.ylabel('消费金额')
plt.title('消费金额前十')
Out[30]:
```

从图 7-14 可知，该餐饮店的消费金额普遍不高，最高的消费金额才 1630 元（图 7-14 中的所有消费金额均为 1630 元），从消费金额的数值可以判断该餐饮店的消费客户普遍是白领、老师等群体。

（7）统计点菜数量与时间段的关系，代码如下所示，结果如图 7-15 所示。

```
In[31]: concat_data[ 'hoarcount']=1
concat_data['time'] = pd.to_datetime (concat_data['place_order_time'])
concat_data['time'] =pd.to_datetime (concat_data[ 'place_order_time'])
concat_data['hour'] =concat_data['time'].map( lambda x:x.hour)
```

项目 7　基于 sklearn 的数据分析实战

```
sp_by_hour =concat_data.groupby (by='hour').count()['hoarcount']
sp_by_hour.plot(kind='barh',color='y')
plt.xlabel('小时')
plt.ylabel('点菜数量')
Out[31]:
```

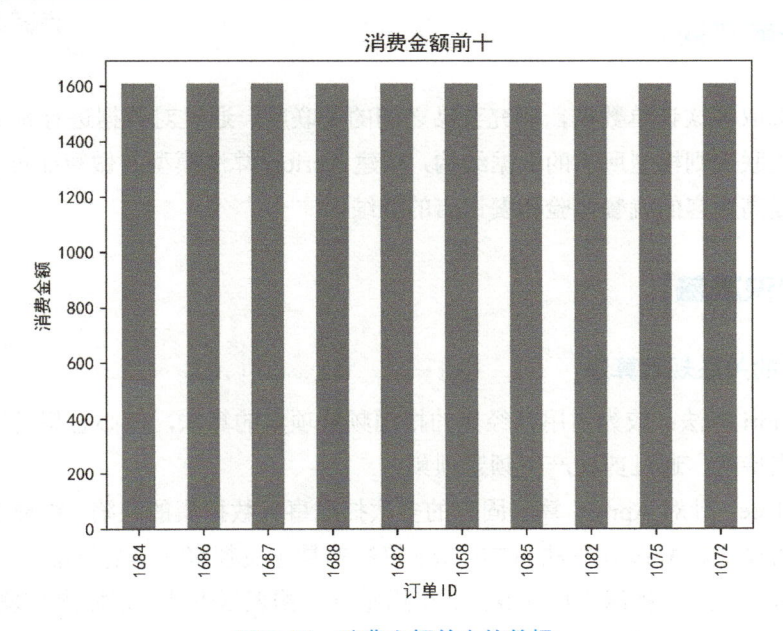

图 7-14　消费金额前十的数据

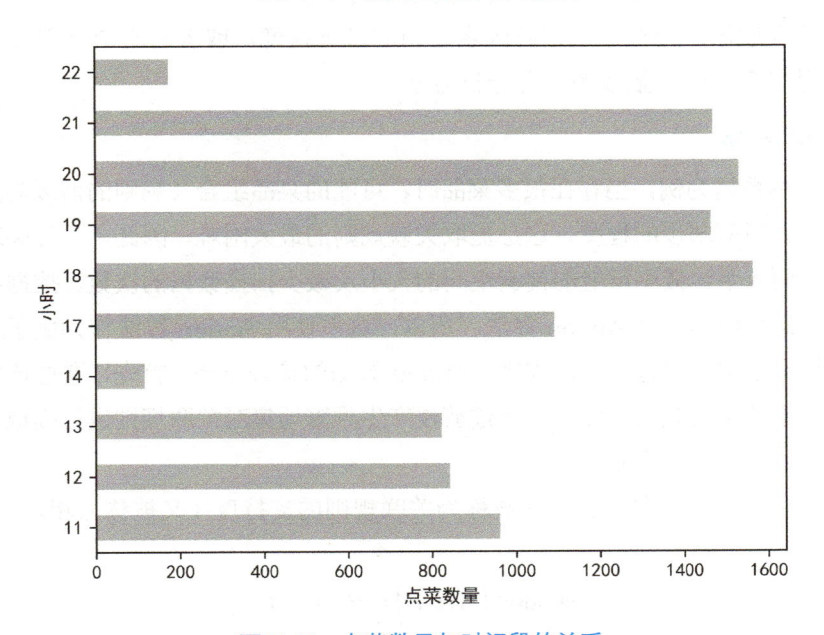

图 7-15　点菜数量与时间段的关系

从图 7-15 可知，该餐饮店在 17～21 点的订单量比其他时间的大，这符合大众的休息

109

规律，在晚上可以适当增加服务人员。

任务7.6 基于餐饮订单数据的菜品关联分析

【任务描述】

本任务选取餐饮订单数据，研究菜品之间的关联度，通过对数据进行预处理，将事务数据整理成关联规则模型所需的数据结构，构建 Apriori 算法模型并做智能推荐，积极引导客户消费，提高顾客的就餐体验和餐饮店的业绩。

【知识准备】

1. 常用的关联规则算法

（1）Apriori 算法：较为常用且经典的挖掘频繁项集的算法，核心思想是通过连接产生候选项及其支持度，通过剪枝产生频繁项集。

（2）FP-Tree：针对 Apriori 算法固有的多次扫描事务数据集的缺陷，被提出的不产生候选频繁项集的算法。Apriori 算法和 FP-Tree 算法都是寻找频繁项集的算法。

（3）Eclat 算法：一种深度优先算法，采用垂直数据表示形式，在概念格理论的基础上，利用基于前缀的等价关系将搜索空间划分为较小的子空间。

（4）灰色关联法：分析和确定各因素之间的影响程度，或者若干个子因素（子序列）对主因素（母序列）的贡献度的一种分析方法。

2. Apriori 算法

以餐饮订单数据为例，当存在很多菜品时，可能的菜品组合（规则的前项与后项）数目会达到一种令人望而却步的程度，这是提取关联规则的最大困难。因此，各种关联规则分析算法从不同方面入手，减小可能的搜索空间的大小及减少扫描数据的次数。挖掘频繁项集的算法有很多，但最经典的是 Apriori 算法。所以，这里使用 Apriori 算法作为例子进行讲解，实现在大数据集上提取可行的关联规则。Apriori 算法的核心思想：首先，通过连接产生候选项及其支持度来计算关联度；然后，通过剪枝产生频繁项集对关联规则进行提取。

1）关联规则的一般形式

项集 A、项集 B 同时发生的概率被称为关联规则的支持度（又被称为相对支持度），公式如下所示。

$$\text{support}(A \Rightarrow B) = P(A \cup B)$$

若项集 A 发生，则项集 B 发生的概率为关联规则的置信度，公式如下所示。

$$\text{Confidence}(A \Rightarrow B) = P(B \mid A)$$

2）最小支持度和最小置信度

最小支持度是用户或专家定义的衡量支持度的一个阈值，表示项目集在统计意义上的最低重要性；最小置信度是用户或专家定义的衡量置信度的一个阈值，表示关联规则的最低可靠性。同时满足最小支持度和最小置信度阈值的规则被称为强规则。

3）项集

项集是项的集合。包括 k 个项的项集被称为 k 项集，如集合{牛奶,麦片,糖}是一个 3 项集。

项集的出现频率是所有包含项集的事务计数。事务计数又被称为绝对支持度或支持度计数。若项集 I 的相对支持度满足预定义的最小支持度阈值，则项集 I 是频繁项集。频繁 k 项集通常记作 L_k。

4）支持度计数

项集 A 的支持度计数是事务数据集中包含项集 A 的事务个数，简称为项集的频率或计数。

3．Apriori 算法的性质和两个实现过程

Apriori 算法的主要思想是先找出存在于事务数据集中最大的频繁项集，再利用得到的最大频繁项集与预先设定的最小置信度阈值生成强关联规则。

1）Apriori 算法的性质

Apriori 算法的性质：频繁项集的所有非空子集必须是频繁项集。根据该性质可以得出，给不是频繁项集 I 的项集添加事务 A，新的项集 $I \cup A$ 一定不是频繁项集。

2）Apriori 算法的两个实现过程

找出所有的频繁项集（支持度必须大于或等于给定的最小支持度阈值），在这个过程中连接步和剪枝步互相融合，最终得到最大的频繁项集 L_k。

连接步的目的是找到 k 项集。首先，给定的最小支持度阈值分别对 1 项候选集 C_1 剔除小于该阈值的项集，得到 1 项频繁集 L_1；然后，由 L_1 自身连接产生 2 项候选集 C_2，保留 C_2 中满足约束条件的项集，得到 2 项频繁集，记作 L_2；最后，这样循环下去，得到最大频繁项集。

剪枝步紧接着连接步，在产生候选项 C_k 的过程中起到减少搜索空间的作用。由于 C_k 是 L_{k-1} 与 L_1 连接产生的，根据 Apriori 算法的性质，不满足该性质的项集将不会存在于 C_k 中，该过程就是剪枝。

由频繁项集产生强关联规则。未超过预定的最小支持度阈值的项集已被剔除，若剩下的规则同时满足预定的最小置信度阈值，则挖掘出了强关联规则。

数据分析基础

【任务实施】

（1）导入餐饮订单原数据并合并成一个大数据集，代码如下所示，结果如图 7-16 所示。

```
In[32]:import pandas as pd
data1 = pd.read_table('D:\Anaconda\order1.csv', sep=',', encoding='gbk')
data2 = pd.read_table('D:\Anaconda\order2.csv', sep=',', encoding='gbk')
data3 = pd.read_table('D:\Anaconda\order3.csv', sep=',', encoding='gbk')
concat_data=pd.concat(data1,data2,data3,axis=0)
cont_data.head()
```

	detail_id	order_id	dishes_id	logicprn_name	parent_class_name	dishes_name	itemis_add	counts	amounts	cost	place_order_time
0	2956	417	610062	NaN	NaN	蒜蓉生蚝	0	1.0	49.0	NaN	2016/8/1 11:05
1	2958	417	609957	NaN	NaN	烤羊腿	0	1.0	48.0	NaN	2016/8/1 11:07
2	2961	417	609950	NaN	NaN	大蒜苋菜	0	1.0	30.0	NaN	2016/8/1 11:07
3	2966	417	610038	NaN	NaN	芝麻烤紫菜	0	1.0	25.0	NaN	2016/8/1 11:11
4	2968	417	610003	NaN	NaN	蒜香包	0	1.0	13.0	NaN	2016/8/1 11:11

图 7-16　合并后的数据

（2）提取相关列，这里使用的是 emp_id 列、dishes_name 列，代码如下所示。

```
In[33]:import numpy as np
data = concat_data[['emp_id', 'dishes_name']]
data.head()
Out[33]:
      emp_id      dishes_name
0     1442        蒜蓉生蚝
1     1442        烤羊腿
2     1442        大蒜苋菜
3     1442        芝麻烤紫菜
4     1442        蒜香包
```

（3）由于 dishes_name 列的数据中存在"脏数据"，如\n\r 等字符，因此这里定义一个函数来清除此类字符，代码如下所示。

```
In[34]:def remove_pun(line):
    import re
rule = re.compile(u" [^a-zA-Z0-9u4E00-\u9FA5]")
line = rule.sub('',line)
return line
```

（4）将 remove_pun()函数运用在 dishes_name 列上，根据 emp_id 列对 dishes_name 列进行合并，并使用 "，" 将各菜品隔开，代码如下所示。

```
In[35]:data['dishes_name'] = data1['dishes_name' ].map(lambda x: remove_pun(x)).apply(lambda x: "，" +x)
data = data.groupby(' emp_id' ).sum().reset_index ()
```

（5）将合并的菜品列转换为数据格式，代码如下所示。

```
In[36]:data['dishes_name']= data['dishes_name'].apply(lambda x:[x[1:]])
data_list=list(data['dishes_name'])
data_list
Out[36]:
```
[['拌土豆丝,焖猪手,番茄炖牛腩,培根花菜,谷稻小庄,白饭大碗,蛋挞,西瓜胡萝卜沙拉,蒜香辣花甲,小米南瓜粥,剁椒鱼头,小炒羊腰,拌土豆丝,桂圆枸杞鸽子汤,番茄有机花菜,白饭大碗'], ['清蒸海鱼'], ['清蒸蝶鱼,姜葱炒花蟹,凉拌萝卜丝,番茄有机花菜,白饭大碗,香酥两吃大虾,水煮鱼,烤羊腿,白斩鸡,美妙绝伦之白莲花,清炒菊花菜,金玉良缘,肉丁茄子,38度剑南春,五色糯米饭七色,五香酱驴肉,香酥两吃大虾,三丝鳝鱼,姜葱炒花蟹,烤羊腿,意文柠檬汁,一品香酥藕,啤酒鸭,自制猪肉脯,凉拌蒜蓉西兰花,土豆西红柿汤面,五色糯米饭七色,白饭小碗,牛肉鸡蛋肠粉']
...]

（6）将菜品名称分割为每个元素，代码如下所示。

```
In[37]: data_translation=[]
for i in data_list:
    p=i[0].split(',')
    data_translation.append(p)
print(data_translation)
Out[37]:
```
[['拌土豆丝', '焖猪手', '番茄炖牛腩', '培根花菜', '谷稻小庄', '白饭大碗', '蛋挞', '西瓜胡萝卜沙拉', '蒜香辣花甲', '小米南瓜粥', '剁椒鱼头', '小炒羊腰', '拌土豆丝', '桂圆枸杞鸽子汤', '番茄有机花菜', '白饭大碗'], ['清蒸海鱼'], ['清蒸蝶鱼', '姜葱炒花蟹', '凉拌萝卜丝', '番茄有机花菜', '白饭大碗', '香酥两吃大虾', '水煮鱼', '烤羊腿', '白斩鸡', '美妙绝伦之白莲花', '清炒菊花菜', '金玉良缘', '肉丁茄子', '38度剑南春', '五色糯米饭七色', '五香酱驴肉', '香酥两吃大虾', '三丝鳝鱼', '姜葱炒花蟹', '烤羊腿', '意文柠檬汁', '一品香酥藕', '啤酒鸭', '自制猪肉脯', '凉拌蒜蓉西兰花', '土豆西红柿汤面', '五色糯米饭七色', '白饭小碗', '牛肉鸡蛋肠粉']
...]

（7）探索 emp_id 列中的食材分布，代码如下所示，结果如图 7-17 所示。

```
In[38]:from matplotlib import pyplot as plt
plt.rcParams['font.family'] =['sans-serif']
plt.rcParams[' font.sans-serif'] =['SimHei']
plt.grid()
plt.title('菜品中食材个数的分布')
plt.xticks(range(0,50,5))
x = plt.hist([len(x) for x in data_translation], bins=50, range=[0,50])
Out[38]:
```

（8）设置最小支持度和最小置信度并构建关联规则模型，代码如下所示。

```
In[39]:MIN_SUPPORT=0.2
MIN_CONFIDENCE = 0.3
rules = apriori(data_translation, min_support=MIN_SUPPORT,
min_confidence=MIN_CONFIDENCE,max_length=2)
```

数据分析基础

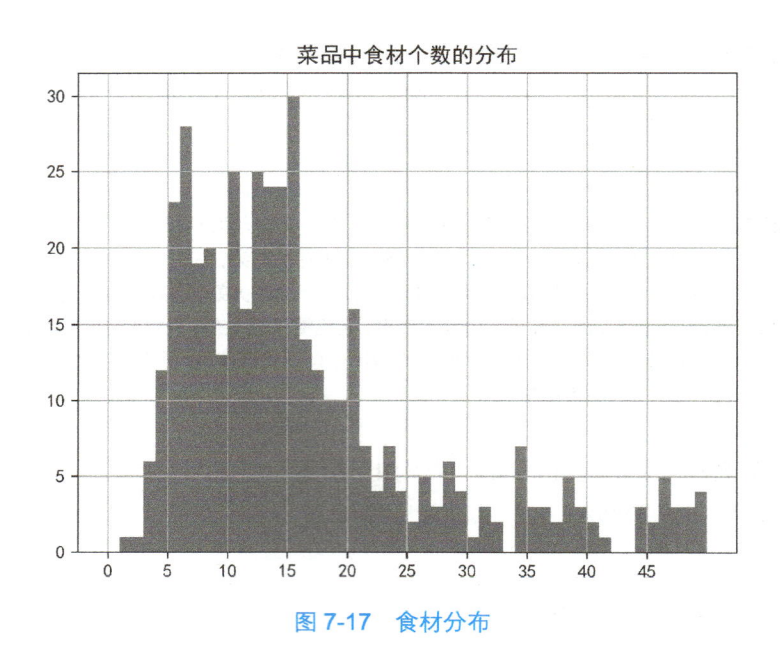

图 7-17 食材分布

（9）提取 rules 中的关联规则，并将两个字符串进行拼接，以更好地呈现关联规则，代码如下所示。

```
In[40]:for i in list(list(rules)) :
support= i.support
for j in i.ordered_statistics:
x =j.items_base
Y= j. items_add
x =','.join([item for item in x])
y = '. '.join ([iter for item in y])
confidence = j.confidence
if x !="":
print(x t "---)" t y t"--->最小支持度"+ str(support) t "--->最小置信度
"+str(confidence))
Out[40]:
凉拌菠菜--->白饭大碗--->最小支持度 0.2653927813163482 ---> 最小置信度
0.6313131313131313
白饭大碗--->凉拌菠菜--->最小支持度 0.2653927813163482 ---> 最小置信度
0.5364806866952789
凉拌菠菜--->谷稻小庄--->最小支持度 0.21656050955414013 ---> 最小置信度
0.5151515151515151
谷稻小庄--->凉拌菠菜--->最小支持度 0.21656050955414013 ---> 最小置信度
0.5483870967741935
凉拌菠菜--->辣炒鱿鱼--->最小支持度 0.20382165605095542 ---> 最小置信度
0.48484848484848486
辣炒鱿鱼--->凉拌菠菜--->最小支持度 0.20382165605095542 ---> 最小置信度
0.6486486486486487
```

白饭大碗--->芝士烩波士顿龙虾--->最小支持度 0.20382165605095542 ---> 最小置信度 0.41201716738197425
芝士烩波士顿龙虾--->白饭大碗--->最小支持度 0.20382165605095542 ---> 最小置信度 0.59627329192546559
白饭大碗--->谷稻小庄--->最小支持度 0.2484076433121019 ---> 最小置信度 0.5021459227467812
谷稻小庄--->白饭大碗--->最小支持度 0.2484076433121019 ---> 最小置信度 0.6290322580645161
白饭大碗--->麻辣小龙虾--->最小支持度 0.2208067940552017 ---> 最小置信度 0.44635193133047213
麻辣小龙虾--->白饭大碗--->最小支持度 0.2208067940552017 ---> 最小置信度 0.6190476190476191

任务 7.7　基于 iris 数据集的鸢尾花聚类分析

【任务描述】

扫一扫，看微课

本任务通过构建聚类模型来判断样本数据属于哪个品种的鸢尾花。

【知识准备】

1. 常用的聚类方法

与分类法分析不同，聚类分析是在没有给定划分类别的情况下，根据数据相似度进行的一种方法。与分类模型需要使用有类标记样本构成的训练数据不同，聚类模型是一种在无类标记的数据上进行非监督的学习算法。聚类的输入是一组未被标记的样本，聚类根据数据自身的距离或相似度将样本划分为若干个组。划分的原则是组内样本最小而组间（外部）距离最大化。

（1）划分（分裂）方法：K-Means 算法、K-Medoids 算法（K-中心点算法）、Clarans 算法（基于选择的算法）。

（2）层次分析方法：BIRCH 算法（平衡迭代规约和聚类算法）、CURE 算法（代表点聚类算法）、Chameleon 算法（动态模型算法）。

（3）基于密度的方法：Dbscan 算法（基于高密度连接区域算法）、Denclue 算法（密度分布函数算法）、OPTICS 算法（对象排序识别算法）。

（4）基于网格的方法：STING 算法（统计信息网络算法）、CLIOUE 算法（聚类高维空间算法）、Wave-Cluster 算法（小波变换算法）。

（5）基于模型的方法：统计学方法、神经网络方法。

2. 常用的聚类分析算法

常用的聚类分析算法如下所示。

（1）K-Means 算法：又被称为 K-均值算法、K-平均算法或快速聚类法，其在最小化误差函数的基础上将数据划分为预定的类数 K。该算法原理简单并且便于处理大量数据。

（2）K-中心点算法：由于 K-Means 算法对孤立点比较敏感，因此 K-中心点算法不采用簇中对象的平均值作为簇中心，而采用簇中离平均值最近的对象作为簇中心。

（3）系统聚类：又被称为多层次聚类，分类的单位由高到低呈树形结构，且所处的位置越低，其所包含的对象越少，对象之间的共同特征就越多。该聚类算法只适合在数据量小时使用，数据量大时速度会非常慢。

3. 认识数据

iris 数据集的中文名是安德森鸢尾花数据集，包含 150 个样本，每行数据包含每个样本的 5 个特征变量，每个样本包含花萼长度、花萼宽度、花瓣长度、花瓣宽度 4 个特征和样本的类别信息。所以，iris 数据集是一个 150 行 5 列的二维表，如图 7-18 所示。

	sepal_length	sepal_width	petal_length	petal_width	species
0	5.1	3.5	1.4	0.2	0
1	4.9	3.0	1.4	0.2	0
2	4.7	3.2	1.3	0.2	0
3	4.6	3.1	1.5	0.2	0
4	5.0	3.6	1.4	0.2	0
5	5.4	3.9	1.7	0.4	0
6	4.6	3.4	1.4	0.3	0
...	...	...	...	...	...
143	6.8	3.2	5.9	2.3	2
144	6.7	3.3	5.7	2.5	2
145	6.7	3.0	5.2	2.3	2
146	6.3	2.5	5.0	1.9	2
147	6.5	3.0	5.2	2.0	2
148	6.2	3.4	5.4	2.3	2
149	5.9	3.0	5.1	1.8	2

150 rows × 5 columns

图 7-18　iris 数据集

【任务实施】

（1）载入 iris 数据，代码如下所示，结果如图 7-19 所示。

```
In[41]:import matplotlib.pyplot as plt
import numpy as np
import pandas as pd
from sklearn.datasets import load_iris
```

```
# 载入iris数据
iris=load_iris()
X = 
pd.DataFrame(iris['data'],columns=['sepal_length','sepal_width','petal_length','petal_width'])
Y = pd.DataFrame(iris['target'],columns=["species"])
data = pd.concat([X,Y],axis=1)
data
X.plot(kind='kde')
Out[41]:
```

	sepal_length	sepal_width	petal_length	petal_width	species
0	5.1	3.5	1.4	0.20	
1	4.9	3.0	1.4	0.20	
2	4.7	3.2	1.3	0.20	
3	4.6	3.1	1.5	0.20	
4	5.0	3.6	1.4	0.20	
...	...	...	...	...	
145	6.7	3.0	5.2	2.32	
146	6.3	2.5	5.0	1.92	
147	6.5	3.0	5.2	2.02	
148	6.2	3.4	5.4	2.32	
149	5.9	3.0	5.1	1.82	

150 rows × 5 columns

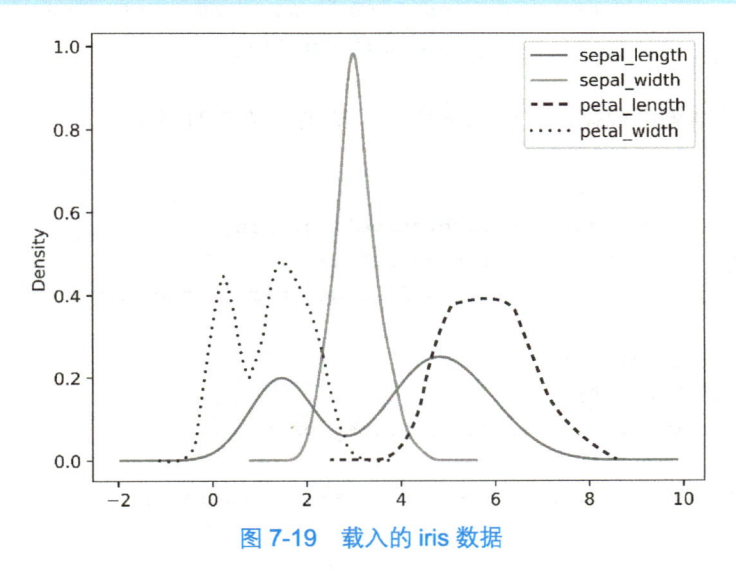

图 7-19 载入的 iris 数据

（2）导入 K-Means 算法相关库并实例化聚类器，这里有 3 个类别，分别是 0、1、2，所以将 n_clusters 设置为 3，代码如下所示。

```
In[42]:import numpy as np
from sklearn.cluster import KMeans
est=KMeans(n_clusters=3)# 构造聚类器
```

（3）训练模型，代码如下所示。

```
In[43]:import numpy as np
est.fit(X)      # 聚类
kc=est.cluster_centers_    # 获取聚类标签
y_kmeans=est.predict(x)
```

（4）将训练结果可视化，代码如下所示，结果如图 7-20 所示。

```
In[44]:plt.scatter(X[:, o],X[:, 1], c=y_kmeans,s=50,cmap='rainbow')
Out[44]:
```

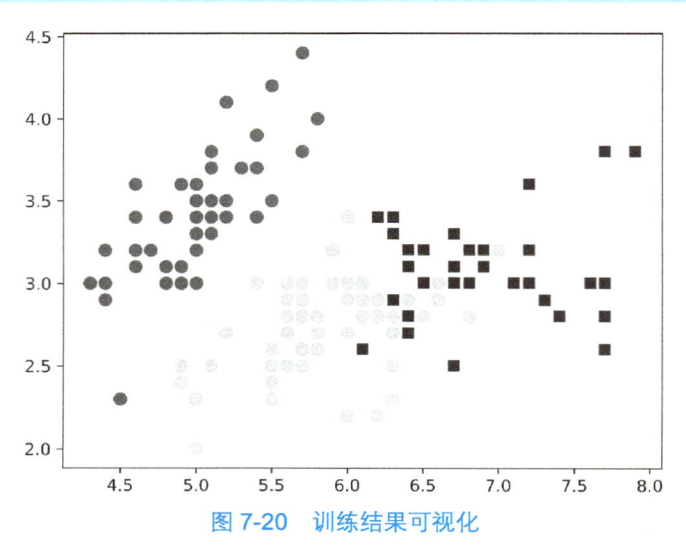

图 7-20　训练结果可视化

（5）将测试结果可视化，代码如下所示，结果如图 7-21 所示。

```
In[45]: # 导入库
from sklearn import datasets
from sklearn.cluster import AgglomerativeClustering
from sklearn.metrics import confusion_matrix
clustering = AgglomerativeClustering(linkage='ward', n_clusters=3)

res = clustering.fit(X)
print ("各个簇的样本数目：")
print (pd.Series(clustering.labels_).value_counts())
print ("聚类结果：")
print (confusion_matrix(iris.target, clustering.labels_))

plt.figure()
d0 = X[clustering.labels_ == 0]
plt.plot(d0[:, 0], d0[:, 1], 'r.')
d1 = X[clustering.labels_ == 1]
plt.plot(d1[:, 0], d1[:, 1], 'go')
d2 = X[clustering.labels_ == 2]
plt.plot(d2[:, 0], d2[:, 1], 'b*')
```

```
plt.xlabel("Sepal.Length")
plt.ylabel("Sepal.Width")
plt.title("AGNES Clustering")
plt.show()
Out[45]:
各个簇的样本数目:
0    64
1    50
2    36
dtype: int64
聚类结果:
[[ 0 50  0]
 [49  0  1]
 [15  0 35]]
```

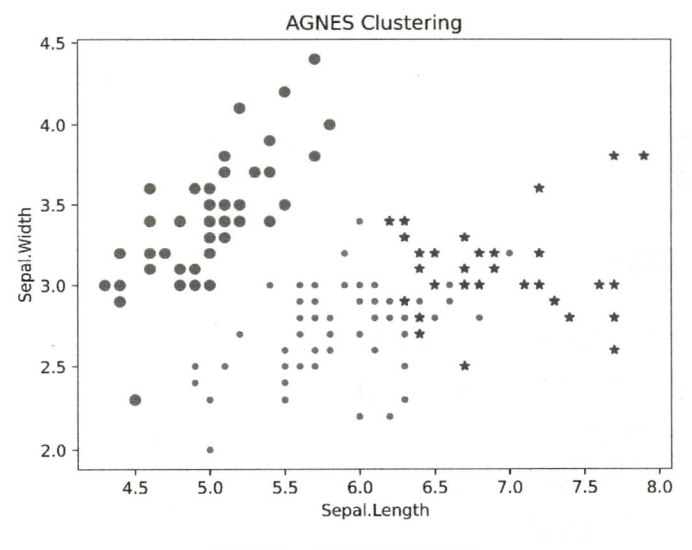

图 7-21　测试结果可视化

【项目小结】

本项目以 3 个数据为例，阐述了聚类、分类和回归等 sklearn 数据分析技术的基本任务对应的数据分析建模方法及实现过程，介绍了数据集的划分方法和划分原理。

【技能训练】

对商品零售购物表格采用 sklearn 数据分析的建模方法进行分析。

项目 8

电商产品评论数据情感分析实战

学习目标

【知识目标】

（1）了解分词的基本原理、常用的分词工具。
（2）了解词性标注的理论、算法及应用。
（3）了解停用词的类别、功能。
（4）了解文本分类的过程、方法。
（5）了解文本相似度算法。
（6）了解情感分析的概念、方法。

【技能目标】

（1）掌握常用的分词工具。
（2）掌握词性标注算法。
（3）掌握文本分类的过程、方法。
（4）了解文本相似度算法。
（5）了解情感分析的方法。

【素质目标】

通过模仿可以借鉴他人的成功经验，但不要长时间进行模仿。建议读者每次在模仿完后都要进行总结，提出其中可以改进的地方，甚至要在此基础上有所创新。创新是作为一名优秀的数据分析师应具备的一种能力，只有不断地创新，才能提高自身的分析水平，使自己站在更高的角度去分析问题，为整个研究领域乃至社会带来更多的价值。

项目背景

如今，购买消费产品不再局限于询问朋友和家人的意见，这是因为网络的公共论坛上有很多用户评论和对产品的讨论。我们可以在这些评论和讨论中找出想知道的答案，挖掘出其他人的观点、情绪，以及评估其他人对产品、服务、组织等的态度，可能还有令人意想不到的收获。因此，本项目以电商产品评论中的文本数据作为数据源进行情感分析。

任务流程

第1步：对文本数据进行分词处理。
第2步：对文本数据进行词性标注。
第3步：对文本数据进行停用词去除。
第4步：对文本数据进行分类。
第5步：对文本数据进行相似度计算。
第6步：利用相似度对文本数据进行情感分析。

任务 8.1　电商产品评论数据的分词处理

【任务描述】

网上购物已经成为大众生活的重要组成部分。人们在电商平台上浏览产品并购物，产生了海量的用户行为数据，用户对产品的评论数据对商家具有重要意义。利用好这些碎片化、非结构化的数据，有利于商家在电商平台上的持续发展。对这些数据进行分析，依据评论数据来优化产品，也是大数据在企业经营中的实际应用。在做文本挖掘时，首先要做的预处理就是分词。由于文本数据不能直接拿来训练，需要先将文本分词，并构建词频矩阵，再用于拟合模型。下面使用 jieba 库对电商产品评论数据进行分词处理。

【知识准备】

1. 分词的基本原理

中文分词（Chinese Word Segmentation）指的是将一个汉字序列切分成一个一个单独的词。分词就是将连续的字序列按照一定的规范重新组合成词序列的过程。

2. 分词算法的分类

（1）基于字符串匹配的分词方法：又被称为机械分词方法，其是按照一定的策略，将待分析的汉字串与一个"充分大的"机器词典中的词条进行匹配，若在词典中找到某个字符串，则匹配成功（识别出一个词）。

（2）基于理解的分词方法：通过让计算机模拟人对句子的理解，实现词的识别效果。基于理解的分词方法的基本思想就是在分词的同时进行句法和语义分析，利用句法信息和语义信息来处理歧义现象。基于理解的分词方法通常包括3部分：总控部分、分词子系统、句法语义子系统。在总控部分的协调下，分词子系统可以获得有关词、句子等的句法信息和语义信息来对分词歧义进行判断，即其模拟了人对句子的理解过程。这种分词方法需要使用大量的语言知识和信息。由于汉语语言知识的笼统性、复杂性，难以将各种语言信息组织成机器可直接读取的形式，因此目前基于理解的分词系统还处于试验阶段。

（3）基于统计的分词方法：给出大量已经分词的文本，利用统计机器学习模型学习词语切分的规律（被称为训练），从而实现对未知文本的切分。基于统计的分词方法的子方法包括最大概率分词方法和最大熵分词方法等。随着大规模语料库的建立，以及统计机器学习方法的研究和发展，基于统计的中文分词方法渐渐成了主流方法。

3. 常用的分词工具

（1）jieba：它是目前最好用的 Python 中文分词组件，支持精确模式、全模式和搜索引擎模式，以及繁体分词和自定义词典。jieba 先通过词典分词，然后对不在词典中的词使用 HMM 算法识别新词。

基于统计的词典分词方法首先通过动态规划算法，在有向无环图中从后到前查找，使词的切割组合联合概率最大，然后 jieba 使用 HMM 算法进行二次分词，即新词的识别。

（2）SnowNLP：一个用 Python 写的库，可以方便地处理中文文本内容。除了分词，SnowNLP 还可以进行词性标注、情感分析、文本分类等工作。

（3）LTP：它是哈尔滨工业大学开源的一套中文语言处理系统，涵盖分词、词性标注、命名实体识别等功能，基于结构化感知器，以最大熵准则建模标注序列 Y 在输入序列 X 的情况下的 score()函数。

（4）HanNLP：一款多语言分词器，采用条件随机场模型分词、索引分词、N-最短路径分词算法。

项目 8　电商产品评论数据情感分析实战

【任务实施】

（1）导入项目需要的库，代码如下所示。

```
In[1]:import pandas as pd
import numpy as np
import re         # 正则表达式
import jieba.posseg as psg     # 分词库
```

（2）读取数据并对数据进行预处理，去除重复数据、英文、数字及保留关键字，代码如下所示。

```
In[2]:import pandas as pd
data= pd.read_csv('D:/Anaconda/data/reviews.csv')    # 读取数据
rewiews=data[['comtent' , ' content_type' ]].drop_duplicates()
content = data['content']
str_info= re.compile('[0-9a-zA-Z]|京东|美的|电热水器|热水器|')
# 去除数字,字母和关键字的正则处理器
content = content.apply(lambda x : str_info.sub('',x))

# 对每行数据使用正则处理器
print(content)

Out[2]:
0     东西收到这么久，都忘了来好评，大品牌，值得信赖。东西从整体来看，个人感觉还不错，没有出现什么问题...
1     安装师傅很给力，东西也好用，感谢。
2     东西还没安装，基本满意。
3     东西收到了，自营产品就是好，发货速度快，品质有保障，安装效果好，非常喜欢，冬天可以随时有热水...
4     用了几次才来评价，对产品非常满意，加热快保温时间长，售后服务特别好，商家主动打电话询问送货情况，帮忙...
                           ...
1995  差评，产品差得一塌糊涂，千万别买，上当了。
1996  东西还没有安装，就搞一肚子气，安装人员今天推明天，明天推后天，售后安装服务太差，给差评，目前还在...
1997  好不容易网购一下，东西还漏电。
1998  东西送得挺快，但后期安装没人联系我，售后太差。
1999  买了两个，送到一个，另一个至今未送到。
Name: content, Length: 1974, dtype: object
```

（3）对处理后的数据进行分词，代码如下所示。

```
In[3]:import pandas as pd
worker = lambda s: [(x.word,x.flag) for x in psg.cut(s)]
seg_word = content.apply(worker)     # 分词
Out[3]:
0  [(东西, ns), (收到, v), (这么久, r), (, , x), (都, d), ...
```

123

数据分析基础

```
1     [(安装, v), (师傅, nr), (很, d), (给, p), (力, n), (, …
2     [(还, d), (没, v), (安装, v), (, , x), (基本, n), (满意…
3     [(收到, v), (了, ul), (, , x), (自营, vn), (产品, n), …
4     [(用, p), (了, ul), (几次, m), (才, d), (来, v), (评价…
        ...
1995  [(差, a), (评, n), (, , x),(产品,n), (差, a), (得, uj), (一塌糊…
1996  [(还, d), (没有, v), (安装, v), (, , x), (就, d), (搞,…
1997  [(好不容易, l), (网购, n), (一下, m), (东西, ns), (还, d), (漏电, nz)]
1998  [(东西, ns), (送, v), (得, uj), (挺快, v), (, , x), (…
1999  [(买, v), (了, ul), (两个, m), (, , x), (送到, v), (一…
Name: content, Length: 1974, dtype: object.
```

任务 8.2 电商产品评论数据的词性标注

【任务描述】

词性标注可以由人工或特定算法完成，下面使用机器学习方法对电商产品评论数据做词性标注。

【知识准备】

1. 词性标注的理论

词性标注本质上是分类问题，将语料库中的单词按词性分类。一个词的词性由其所属语言的含义、形态和语法功能决定。以汉语为例，汉语的词类系统有 18 个子类，包括 7 类体词、4 类谓词、5 类虚词、代词和感叹词。词类不是闭合集，而是有兼词现象，如"制服"在作为"服装"和"动作"时，会被归入不同的词类，因此词性标注与上下文有关。对词类的理论研究可以得到基于人工规则的词性标注方法，这类方法对句子的形态进行分析，并按预先给定的规则赋予词类。

2. 词性标注的分类

词性标注的机器学习方法主要为序列模型，包括 HMM 算法、最大熵马尔可夫模型（Maximum Entropy Markov Model，MEMM）、条件随机场（Conditional Random Fields，CRF）等广义上的马尔可夫模型成员，以及以循环神经网络（Recurrent Neural Network，RNN）为代表的深度学习算法。此外，一些机器学习的常规分类器，如支持向量机（Support Vector Machine，SVM），在改进后也可用于词性标注。

3. 词性标注的应用

词性标注是文本数据的预处理环节之一，原始文本在自然语言处理（NLP）或文本挖掘应用中，首先通过字符分割（Word Segmentation）和字符嵌入（Word Embedding）被向量化，然后通过词性标注得到高阶层特征，并输入语法分析器执行语义情感分析（Sentiment Analysis）、指代消解（Coreference Resolution）等任务。

【任务实施】

（1）读取每条评论中分词后的词语数量，代码如下所示。

```
In[4]:import pandas as pd
n_word = seg_word.apply(lambda x:len(x))
n_word
Out[4]:
0       32
1       11
2        6
3       39
4       44
...     ...
1995    13
1996    36
1997     5
1998    16
1999    13
Name: content, Length: 1974, dtype: int64
```

（2）对每条评论中的词语进行编号，编号相同的表示来自同一条评论，代码如下所示。

```
In[5]:import pandas as pd
n_content = [[x+1]*y for x,y in zip(list(seg_word.index) ,list(n_word))]
index_content = sum(n_content,[])
Out[5]:
[1,
 1,
 1,
 1,
 1,
 1,
 1,
 1,
 1,
 1,
 1,
 1,
 1,
```

```
1,
1,
1,
1,
1,
1,
1,
1,
2,
2,
2,
…
]
```

（3）构建单词表和词性表，代码如下所示。

```
In[6]:import pandas as pd
word = [x[0] for x in seg_word]
nature = [x[1] for x in seg_word]
Out[6]:
[[('安装','v'),
('师傅','nr'),
('很','d'),
('给','p'),
('力','n'),
(',','x'),
…]]
```

（4）获取每条评论的情感类型。这里是是评论而不是词条。词条的情感分析需要我们在后面进行分析得出，代码如下所示。

```
In[7]:import pandas as pd
content_type = [[x] * y for x,y in zip(list(reviews['content_type']),list(n_word))]
content_type = sum(content_type,[])
Out[7]:
['pos',
 'pos',
 'pos',
 'pos',
'pos',
…
'pos',
'pos']
```

（5）将上述处理结果汇集成一张二维表，代码如下所示，结果如图 8-1 所示。

```
In[8]:import pandas as pd
result = pd. DataFrame({
"index_content" :index_content,
```

```
"word" :word,
"content_type" :content_type})
result = result[result['nature'] != 'x']
result
Out[8]:
```

	index_content	word	nature	content_type
0	1	东西	ns	pos
1	1	收到	v	pos
2	1	这么久	r	pos
4	1	都	d	pos
5	1	忘	v	pos
6	1	了	ul	pos
7	1	来	v	pos
8	1	好评	v	pos
10	1	大	a	pos
11	1	品牌	n	pos
13	1	值得	v	pos
14	1	信赖	n	pos
16	1	东西	ns	pos
17	1	整体	n	pos

图 8-1　汇集的二维表

任务 8.3　电商产品评论数据的停用词去除

【任务描述】

本任务利用人工停用词文件来去除电商产品数据中的停用字。

【知识准备】

1. 停用词的类别

对于一个给定的目的，任何一类的词语都可以被选作停用词。通常意义上，停用词大致分为两类。一类是人类语言中包含的功能词，这些功能词极其普遍，与其他词相比，功能词没有什么实际含义，如"the""is""at""which""on"等。但是，对搜索引擎来说，当所要搜索的短语包含功能词，特别是像"The Who""The The""Take The"等复合名词时，使用的停用词会出现错误。另一类是词汇词，如"want"等，这些词应用十分广泛，但是对于这样的词，搜索引擎无法保证能够给出真正相关的搜索结果，难以帮助缩小搜索范

127

围，还会降低搜索的效率，所以通常会把这些词从问题中移去，从而提高搜索性能。

2. 停用词的功能

为了节省存储空间和提高搜索效率，搜索引擎在索引页面或处理搜索请求时会自动忽略某些字或词，这些字或词被称为停用词（Stop Words）。

例如，像"IT 技术点评"，虽然其中的"IT"从我们的本意上是指"Information Technology"，事实上这种缩写也能够被大多数人接受，但是对搜索引擎来说，此"IT"不是"it"，即"它"的意思，这在英文中是一个极其常见且意思又相当含混的词，大多数情况下会被忽略。我们在 IT 技术点评中保留"IT"更多地面向"人"而非搜索引擎，以求用户能明白 IT 技术点评网站涉及的内容限于信息技术，虽然从搜索引擎的角度上看这未必是最佳的处理方式。

了解停用词，以及在网页内容中适当地减少停用词出现的频率，可以有效地帮助我们提高关键词密度，而在网页标题中避免出现停用词往往能够让优化的关键词更突出。

【任务实施】

（1）加载本地停用词数据并对换行符号做特殊处理，代码如下所示。

```
In[9]: import pandas as pd
stop = open('D:\Anaconda\stoplist.txt', 'r', encoding='UTF-8')
stop_word = stop.readlines()
stop_word = [x.replace('\n','') for x in stop_word]
stop_word
Out[9]:
['\ufeff ',
 '说',
 '人',
 '元',
 'hellip',
 '&',
 ',',
 '?',
 '、',
 '。',
 '"',
 '"',
 '《',
 '》',
 '!',
 ',',
 ':',
 ';',
```

```
'?',
'交口',
'较比',
'较为',
'接连不断',
'接下来',
'皆可',
...]
```

（2）去除停用词，代码如下所示，结果如图 8-2 所示。

```
In[10]import pandas as pd
word = list(set(word) - set(stop_word))
result = result[result['word'].isin(word)]   # 去除停用词
Out[10]:
```

	index_content	word	nature	content_type
0	1	东西	ns	pos
1	1	收到	v	pos
2	1	这么久	r	pos
5	1	忘	v	pos
8	1	好评	v	pos
...	...	...	...	...
63780	1999	差	a	neg
63783	2000	两个	m	neg
63785	2000	送到	v	neg
63791	2000	未	d	neg
63792	2000	送到	v	neg

25172 rows × 4 columns

图 8-2　去除停用词后的评论

（3）对同一条评论中的词条进行分组及索引，代码如下所示，结果如图 8-3 所示。

```
In[11]:import pandas as pd
n_word = list(result.groupby(by=['index_content'])['index_content'].count())
# 对自同一条评论中的词条进行分组
index_word = [list(np.arange(0,y)) for y in n_word]
index_word = sum(index_word,[])
result['index_word'] = index_word    # 对词条进行索引，表示来自哪条评论的第几个词条
Out[11]:
```

（4）由于类似于"不错，很好的产品""很不错，继续支持"等评论虽然表达了对产品的情感倾向，但是实际上无法根据这些评论提取出哪些产品特征是用户满意的，只有出现明确的名词才有意义，因此在进行词性标注后，再根据词性将包含名词类的评论提取出来，代码如下所示，结果如图 8-4 所示。

数据分析基础

	index_content	word	nature	content_type	index_word
0	1	东西	ns	pos	0
1	1	收到	v	pos	1
2	1	这么久	r	pos	2
5	1	忘	v	pos	3
8	1	好评	v	pos	4
...	...	...	...	...	...
63780	1999	差	a	neg	9
63783	2000	两个	m	neg	0
63785	2000	送到	v	neg	1
63791	2000	未	d	neg	2
63792	2000	送到	v	neg	3

25172 rows × 5 columns

图 8-3 分组及索引后的评论

```
In[12]:import pandas as pd
ind = result[['n' in x for x in result['nature']]]['index_content'].unique()
result = result[[x in ind for x in result['index_content']]]
result
Out[12]:
```

	index_content	word	nature	content_type	index_word
0	1	东西	ns	pos	0
1	1	收到	v	pos	1
2	1	这么久	r	pos	2
5	1	忘	v	pos	3
8	1	好评	v	pos	4
...	...	...	...	...	...
63772	1999	天	q	neg	5
63774	1999	没人	v	neg	6
63778	1999	售后	n	neg	7
63779	1999	太	d	neg	8
63780	1999	差	a	neg	9

24760 rows × 5 columns

图 8-4 提取名词类后的评论

（5）将提取的名词按出现的次数进行聚合排序后，绘制词云图以查看效果，代码如下所示，结果如图 8-5 所示。

```
In[13]:import pandas as pd
import matplotlib.pyplot as plt
from wordcloud import WordCloud    # 提取包含名词的词语
frequencies = result.groupby(by = ['word'])['word'].count()
```

```
frequencies = frequencies.sort_values(ascending = False)
print(frequencies)
backgroud_Image-plt.imread("D:\Anaconda\data\pl.jpg' )
wordcloud=WordCloud (font_path='simhei.ttf',
max_words =100,
background_color ="white",
mask=backgroud_Image)
my_wordcloud = wordcloud.fit_words(frequencies)
plt.imshow(my_wordcloud)
plt.axis('off')
plt.show()
Out[13]:
word
安装        1583
师傅         502
差          338
不错         294
服务         245
           ...
推介           1
推卸责任         1
推回           1
推来推去         1
Name: word, Length: 4420, dtype: int64
```

图 8-5 名词的词云图

由图 8-5 可知,对评论数据进行预处理后,分词效果较为符合预期。其中,"安装""师傅""售后""服务"等词出现频率较高,因此可以初步判断用户对产品的这几个方面比较重视。

任务8.4 电商产品评论数据的文本分类

【任务描述】

本任务将分析产品的优缺点,只需确定用户评论信息中的情感倾向,不需要分析每条评论的情感程度。首先,采用词典匹配的方法进行情感词分配,并借用网上的情感分析用词语集。该词语集中有中文正面评价词表、中文负面评价词表、中文正面情感词表和中文负面情感词表等。然后,合并中文正面评价词表和中文正面情感词表,并给每个词语赋予初始权重1,作为该分析的证明评论情感词表。获得负面情感词表的方法同上。

一般情况下,分析结果往往与情感词表中的词语有较强的关联性,情感词表越丰富,情感分析的效果就越好。因此,我们需要在原表的基础上做一些优化,加入更多的对应情感词汇。

【知识准备】

1. 文本分类的过程

文本分类一般包括文本的表达、分类器的选择与训练、分类结果的评价与反馈等过程。其中,文本的表达可细分为文本预处理、索引、统计、特征抽取等步骤。文本分类系统的总体功能模块如下所示。

（1）文本预处理:将原始语料格式化为同一格式,便于后续的统一处理。

（2）索引:将文档分解为基本处理单元,同时降低后续处理的开销。

（3）统计:统计词频、项(单词、概念)与分类的相关概率。

（4）特征抽取:从文档中抽取反映文档主题的特征。

（5）分类器:训练分类器。

（6）评价:分析分类器的测试结果。

2. 文本分类的方法

文本分类问题与其他分类问题没有本质上的区别,文本分类的方法可以归结为根据待分类数据的某些特征进行匹配,当然完全的匹配是不太可能的,因此必须(根据某种评价标准)选择最优的匹配结果,从而完成分类。文本分类的方法大体有以下3种。

（1）词匹配方法:最早被提出的分类算法。词匹配方法仅根据文档中是否出现了与类名相同的词(顶多再加入同义词的处理)就可以判断文档是否属于某个类别。很显然,这种过于简单机械的方法无法带来良好的分类效果。

（2）知识工程方法:借助于专业人员的帮助,为每个类别定义大量的推理规则,若一篇文档能满足这些推理规则,则可以判定属于该类别。知识工程与特定规则的匹配程度是文本的特征。由于在系统中加入了人为判断的因素,因此知识工程方法的准确度比词匹配方法的准确度有了较大提高。但是，知识工程方法的缺点仍然明显，如分类的质量严重依赖于推理规则的质量，也就是依赖于制定规则的"人"的能力；制定规则的人都是专家级别的，人力成本急剧上升常常令人难以承受。知识工程较为致命的弱点是完全不具备可推广性，如一个针对金融领域构建的分类系统，如果要扩充到医疗或社会保险等领域，可能需要完全推倒重来，往往需要巨大的知识和资金投入，造成浪费。

（3）统计学习方法：由于人类的判断大多依据经验和直觉，因此自然而然地会让人想到让机器像人类一样通过对大量同类文档的观察来总结经验，并作为今后分类的依据，这便是统计学习方法的基本思想。如今，统计学习方法已经成为文本分类领域的主流方法，主要原因在于其中很多技术拥有坚实的理论基础（相比之下，知识工程方法中专家的主观因素居多），存在明确的评价标准，以及实际表现良好。统计分类算法将样本数据成功转化为向量表示之后，计算机才算开始真正意义上的"学习"过程。常用的统计学习的分类算法有决策树、Rocchio 算法、朴素贝叶斯、神经网络、SVM、线性最小平方拟合、KNN、遗传算法、最大熵、泛化实例算法等。

【任务实施】

（1）读取正面、负面情感评价词，代码如下所示。

```
In[14]: import pandas as pd
pos_comment = pd.read_csv("D:/Anaconda/data/pos_comment.txt",header=None,sep="/n",encoding='utf-8', engine='python')
neg_comment = pd.read_csv("D:/Anaconda/data/neg_comment.txt", header=None,sep="/n",encoding='utf-8', engine='python')
pos_emotion = pd.read_csv("D:/Anaconda/data/pos_emotion.txt", header=None,sep="/n",encoding='utf-8', engine='python')
neg_emotion = pd.read_csv("D:/Anaconda/data/neg_emotion.txt", header=None,sep="/n",encoding='utf-8', engine='python')
```

（2）合并情感词与评价词，对正面词赋予权值 1，负面词赋予权值-1，代码如下所示。

```
In[15]: import pandas as pd
positive =set(pos_comment.iloc[:, 0])|set (pos_emotion.iloc[:,0])
negative =set(neg_comment.iloc[:, 0])|set (neg_emotion.iloc[:,0 ])
intersection =positive & negative # 去除正面、负面情感词中相同的词句
positive =list(positive - intersection)
negative =list (negative - intersection)
positive = pd. DataFrame({"word": positive, 'weight': [1]*len(positive)})
negative = pd. DataFrame({"word": negative, 'weight': [-1]*len(negative)})
posneg= positive.append(negative)
```

（3）先将分词结果与正面、负面情感词表合并，定位情感词，并按照两个维度进行排序，再对评论词进行排序，代码如下所示，结果如图 8-6 所示。

```
In[16]:import pandas as pd
data_posneg = posneg.merge(word,left_on='word', right_on='word', how='right')
data_posneg = data_posneg.sort_values(by=['index_content', 'index_word'])
data_posneg
Out[16]:
```

	word	weight	index_content	nature	content_type	index_word
0	东西	NaN	1	ns	pos	0
1	收到	NaN	1	v	pos	1
2	这么久	NaN	1	r	pos	2
3	忘	NaN	1	v	pos	3
4	好评	1.0	1	v	pos	4
...	...	...	...	...	...	...
24755	天	NaN	1999	q	neg	5
24756	没人	NaN	1999	v	neg	6
24757	售后	NaN	1999	n	neg	7
24758	太	NaN	1999	d	neg	8
24759	差	-1.0	1999	a	neg	9

24760 rows × 6 columns

图 8-6 合并分词结果和排序评论词后的评论

（4）处理否定修饰词，只保留有情感值的词语，代码如下所示，结果如图 8-7 所示。

```
# 构造新列，作为经过否定词修正后的情感值
In[17]: data_posneg['amend_weight'] = data_posneg['weight']
data_posneg['id'] = np.arange(0, len(data_posneg))
only_inclination = data_posneg.dropna()   # 只保留有情感值的词语
only_inclination.index = np.arange(0, len(only_inclination))
index = only_inclination['id']
only_inclination
Out[17]:
```

	word	weight	index_content	nature	content_type	index_word	amend_weight	id
0	好评	1.0	1	v	pos	4	1.0	4
1	值得	1.0	1	v	pos	6	1.0	6
2	信赖	1.0	1	n	pos	7	1.0	7
3	不错	1.0	1	a	pos	11	1.0	11
4	值得	1.0	1	v	pos	12	1.0	12
...	...	...	...	...	...	...	...	...
4201	郁闷	-1.0	1997	a	neg	19	-1.0	24746
4202	好不容易	-1.0	1998	l	neg	0	-1.0	24747
4203	漏电	-1.0	1998	nz	neg	2	-1.0	24749
4204	挺快	1.0	1999	v	neg	2	1.0	24752
4205	差	-1.0	1999	a	neg	9	-1.0	24759

4206 rows × 8 columns

图 8-7 处理否定修饰词并保留有情感值的词语后的评论

（5）计算每条评论的情感值，代码如下所示。

```
In[18]:import pandas as pd
# 计算每条评论的情感值
emotional_value = only_inclination.groupby(['index_content'],
                  as_index=False)['amend_weight'].sum()
emotional_value
Out[18]:
      index_content    amend_weight
0     1                5.0
1     2                1.0
2     4                4.0
3     5                3.0
4     6                2.0
...   ...              ...
1552  1995             -1.0
1553  1996             -3.0
1554  1997             0.0
1555  1998             -2.0
1556  1999             0.0
1557 rows × 2 columns
```

（6）去除情感词为0的评论，代码如下所示。

```
In[19]:import pandas as pd
# 去除情感值为0的评论
#情感值负抵消后可能为0
emotional_value = emotional_value[emotional_value['amend_weight']!= 0]
emotional_value
Out[19]:
      index_content    amend_weight    a_type
0     1                5.0             pos
1     2                1.0             pos
2     4                4.0             pos
3     5                3.0             pos
4     6                2.0             pos
...   ...              ...             ...
1550  1993             -2.0            neg
1551  1994             -1.0            neg
1552  1995             -1.0            neg
1553  1996             -3.0            neg
1555  1998             -2.0            neg
1394 rows × 3 columns
```

（7）赋予情感值大于0的评论类型为pos，小于0的评论类型为neg，代码如下所示，结果如图8-8所示。

```
In[20]:import pandas as pd
# 赋予情感值大于0的评论类型（content_type）为pos,情感值小于0的为评论类型neg
```

```
pd.set_option('display.max_rows', 20)
emotional_value['a_type'] = ''
emotional_value['a_type'][emotional_value['amend_weight'] > 0] = 'pos'
emotional_value['a_type'][emotional_value['amend_weight'] < 0] = 'neg'
emotional_value
Out[20]:
```

（8）合并分析结果，对于同一条评论，只保留一条数据，代码如下所示，结果如图 8-9 所示。

```
In[21]:import pandas as pd
# 合并分析结果
result = emotional_value.merge(word,
                    left_on='index_content',
                    right_on='index_content',
                    how='left')
# 对于同一条评论，只保留一条数据（对情感词相同的词条进行去重）
result = result[['index_content', 'content_type', 'a_type']].drop_duplicates()
print(result)
confusion_matrix = pd.crosstab(result['content_type'], result['a_type'],
                    margins=True)    # 制作交叉表
print((confusion_matrix.iat[0,0] +
confusion_matrix.iat[1,1])/confusion_matrix.iat[2,2])# 查看情感分析准确率
Out[21]:
```

	index_content	amend_weight	a_type
0	1	5.0	pos
1	2	1.0	pos
2	4	4.0	pos
3	5	3.0	pos
4	6	2.0	pos
...	...	...	...
1550	1993	-2.0	neg
1551	1994	-1.0	neg
1552	1995	-1.0	neg
1553	1996	-3.0	neg
1555	1998	-2.0	neg

1394 rows × 3 columns

	index_content	content_type	a_type
0	1	pos	pos
14	2	pos	pos
18	4	pos	pos
38	5	pos	pos
61	6	pos	pos
...	...	...	...
19910	1993	neg	neg
19932	1994	neg	neg
19937	1995	neg	neg
19942	1996	neg	neg
19948	1998	neg	neg

[1394 rows x 3 columns]
0.8522238163558106

图 8-8　赋予评论类型后的评论　　　　图 8-9　合并情感分析结果后的评论

（9）提取正面、负面评论信息，代码如下所示。

```
In[22]:import pandas as pd
ind_pos = list(emotional_value[emotional_value[' a_type' ]=='pos' ][' index_content'])
```

```
ind_neg = list(emotional_value[emotional_value ['a_type'] =='neg']['
index_content'])
posdata = word[[i in ind_pos for i in word[' index_content']]]
negdata = word[[i in ind_neg for i in word['index_content']]]
```

（10）绘制正面情感词的词云图，代码如下所示，结果如图 8-10 所示。

```
In[23]:import pandas as pd
import matplotlib. pyplot as plt
from wordcloud import wordCloud
freq_pos = posdata. groupby (by=[' word'])['word']. Count () freq_pos -
freq_pos.sort_values(ascending=False)
backgroud_Image=plt.imread(' D:\Anaconda\data\pl. jpg')
wordcloud = Wordcloud (font_path="simhei.ttf",
max __words=100,
background_color='white',
mask=backgroud_Image)
pos_wordcloud = wordcloud.fit_words(freq_pos)
plt. imshow (pos__wordcloud)
plt. axis ('off')
plt. show ()
Out[23]:
```

图 8-10　正面情感词的词云图

（11）绘制负面情感词的词云图，代码如下所示，结果如图 8-11 所示。

```
In[24]:import pandas as pd
import matplotlib.pyplot as plt
from wordcloud import WordCloud
freq_neg = negdata. groupby (by=['word'])['word'].count()
freq_neg = freq_neg.sort_values(ascending=False)
```

```
neg_wordcloud = wordcloud.fit_words(freq_neg)
plt.imshow (neg_wordcloud)
plt.axis('off')
plt.show ()
Out[24]:
```

图 8-11 负面情感词的词云图

（12）将结果集写出备用，代码如下所示。

```
In[25]:import pandas as pd
posdata.to_csv("posdata.csv", index=False,encoding='utf-8')
negdata.to_csv("negdata.csv", index=False,encoding='utf-8')
```

任务 8.5　电商产品评论数据的文本相似度计算

【任务描述】

扫一扫，看微课

本任务采取余弦相似度算法对电商产品评论数据进行文本相似度计算。

【知识准备】

1. 文本相似度算法的概念

文本相似度算法是一种计算文本之间相似度的方法。文本相似度算法有很多，其中最常用的是余弦相似度和 Jaccard 相似度。

（1）余弦相似度根据两个向量之间的夹角余弦值来计算文本之间的相似度，可以有效地比较文本之间的相似程度。余弦相似度的计算公式为 $\cos\theta = A·B/|A|·|B|$。其中，A 和 B 分别

表示两个文本向量；|*A*|和|*B*|分别表示 *A* 向量和 *B* 向量的模。当两个文本的余弦相似度为 1 时，表示两个文本完全相似；当两个文本的余弦相似度为 0 时，表示两个文本完全不同。

（2）Jaccard 相似度是根据两个文本中共同存在的词语来计算文本之间的相似度的，可以有效地比较文本之间的相似程度。Jaccard 相似度的计算公式为 Jaccard(*A*,*B*)= |*A*∩*B*|/|*A*∪*B*|。其中，*A* 和 *B* 表示两个文本；*A*∩*B* 表示 *A* 和 *B* 的交集；*A*∪*B* 表示 *A* 和 *B* 的并集。当两个文本的 Jaccard 相似度为 1 时，表示两个文本完全相似；当两个文本的 Jaccard 相似度为 0 时，表示两个文本完全不同。

2. 文本相似度算法的应用

文本相似度算法在许多领域都有着广泛的应用，如文本检索、NLP、文档推荐等。文本相似度算法可以帮助我们快速且有效地比较文本的相似度，分析文本之间的相似性，以及实现文本内容的自动检索、自动推荐等功能，并且有着广泛的应用前景。

【任务实施】

（1）载入任务 8.4 中处理后的数据，代码如下所示，结果如图 8-12 所示。

```
In[26]:import pandas as pd
# 载入数据
pos_data = pd.read_csv(' D:\Anaconda/posdata.csv')
neg_data = pd.read_csv(' D:\Anaconda/negdata.csv')
Out[26]:
```

	index_content	word	nature	content_type	index_word
0	1	东西	ns	pos	0
1	1	收到	v	pos	1
2	1	这么久	r	pos	2
3	1	忘	v	pos	3
4	1	好评	v	pos	4
5	1	品牌	n	pos	5
6	1	值得	v	pos	6
...	...	...	...	...	...
11455	1989	记性	n	neg	8
11456	1989	感觉	n	neg	9
11457	1990	免费	vn	neg	0
11458	1990	安装	v	neg	1
11459	1990	花	v	neg	2
11460	1990	费用	n	neg	3
11461	1990	理解	v	neg	4

11462 rows × 5 columns

图 8-12 载入数据

（2）建立词典，代码如下所示。

```
In[27]:import pandas as pd
pos_dict = corpora.Dictionary([[i] for i in pos_data['word']])
neg_dict = corpora.Dictionary([[i] for i in neg_data['word']])
```

（3）建立语料库，代码如下所示。

```
In[28]:import pandas as pd
pos_corpus = [ pos_dict.doc2bow(j) for j in [[i] for i in pos_data['word']]]
neg_corpus = [ neg_dict.doc2bow(j) for j in [[i] for i in neg_data['word']]]
```

```
Out[28]:
[[(0, 1)],
 [(1, 1)],
 [(2, 1)],
 [(3, 1)],
 [(4, 1)],
 [(5, 1)],
 [(6, 1)],
 [(7, 1)],
 [(8, 1)],
 [(9, 1)],
 [(10, 1)],
 [(11, 1)],
 [(12, 1)],
 [(13, 1)],
 [(14, 1)],
 [(15, 1)],
 [(16, 1)],
 [(17, 1)],
 [(18, 1)],
 [(19, 1)],
 ...]
```

（4）自定义平均余弦相似度函数，代码如下所示。

```
In[29]:import pandas as pd
def cos(vector1,vector2):
    dot_product = 0.0
normA = 0.0
normB = 0.0
for a,b in zip(vector1,vector2):
    dot_product += a* b
    normA += a **2
    normB += b **2
if normA == 0.0 or normB == 0.0:
    return None
else:
return (dot_product/((normA*normB)**0.5))
```

（5）寻找最佳主题数（主题数寻优），代码如下所示。

```
In[30]:import pandas as pd
def lda_k (x_corpus,x_dict):
# 初始化平均余弦相似度
mean_similarity =[]
mean_similarity. append(1)
# 循环生成主题并计算主题之间的相似度
for i in np.arange(2,11):
lda = models.LdaModel(x_corpus,num_topics=i,id2word=x_dict)
for j in np.arange(i) :
term =lda. show_topics(num_words=50)
# 提取各主题词
top_word =[]
for k in np.arange(i):
top_word.append(["" .join(re.findall('"(.*)"', i))\
            for i in term[k][i].split('+')])
word = sum(top_word,[])
unique_word =set(word)
mat =[]
for j in np.arange(i):
top_w = top_word[j]
mat.append(tuple([top_w.count (k) for k in unique_word]))
p= list(itertools. Permatations (list(np.arange(i)),2))
l = len(p)
top_similarity =[0]
for w in np.arange(l):
   vectorl = mat[p[w][0]]
vector2 = mat[p[w][1]]
top_similarity.append(cos(vectorl, vector2))
# 计算平均余弦相似度
mean_similarity.append(sum(top_similarity)/ l)
return (mean_similarity)
```

（6）绘制主题数寻优图表，代码如下所示，结果如图8-13所示。

```
In[31]:import pandas as pd
pos_k =lda_k (pos_corpus,pos_dict)
neg_k =lda_k (neg_corpus,neg_dict)
from matplotlib.font_manager import FontProperties
font=FontProperties(size=14)
fig=plt.figure(figsize=(10,8))
ax1=fig.add_subplot(211)
ax1.plot(pos_k)
ax1.set_xlabel('正面评论LDA主题数寻优', fontproperties=font)
ax2=fig.add_subplot(212)
ax2.plot(neg_k)
```

```
ax2.set_xlabel('负面评论LDA主题数寻优', fontproperties=font)
plt.show()
Out[31]:
```

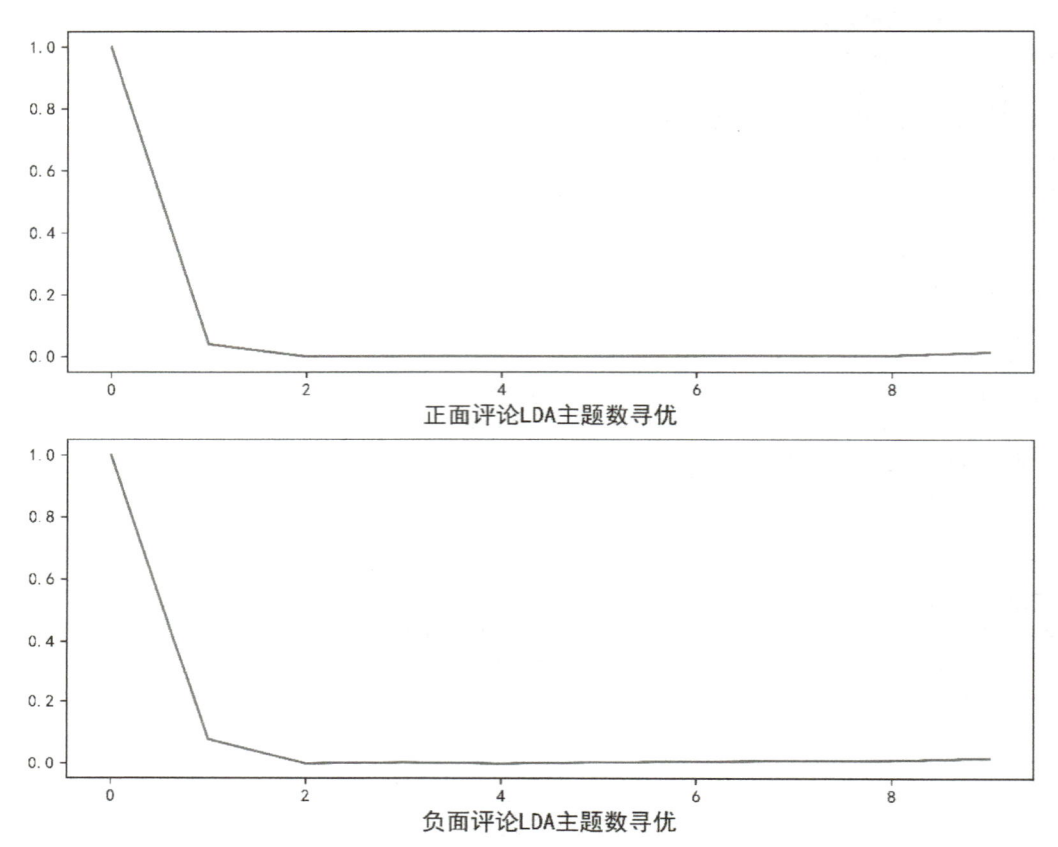

图 8-13 主题数寻优图表

由图 8-13 可知，对于正面评论数据，当主题数为 2 或 3 时，主题之间的平均余弦相似度达到最低，因此对正面评论数据做 LDA 主题分析，可选择主题的数量为 3；对于负面评论数据，当主题数为 3 时，主题之间的平均余弦相似度也达到了最低，因此对负面评论数据做 LDA 主题分析，可选择主题的数量也为 3。

任务 8.6 电商产品评论数据的文本情感分析

【任务描述】

本次任务以电商产品评论数据作为数据源，通过对评论数据采取关键词识别、词汇关联等情感分析的方法来选择电商产品。

【知识准备】

1. 情感分析的概念

情感分析或意见挖掘是根据人们的观点、情绪评估对产品、服务、组织等的态度。该领域的发展和快速起步得益于网络上的社交媒体，如论坛、微博、微信的快速发展，这是人类历史上第一次有如此巨大数据量的形式记录。自 2000 年年初以来，情感分析已经成为 NLP 中最活跃的研究领域之一。情感分析在数据挖掘、Web 挖掘、文本挖掘和信息检索方面有广泛的研究。事实上，情感分析已经从计算机科学蔓延到管理科学和社会科学，如市场营销、金融、政治学、通信、医疗科学，甚至历史，其重要的商业价值引起了整个社会的关注。所有人在一定程度上都很在意别人的看法，出于这个原因，人们在做决定时经常需要寻求别人的意见。对个人而言如此，对企业而言也是如此。

2. 情感分析的层次

按照处理文本的粒度不同，情感分析大致可分为词语级、句子级 2 个研究层次。

（1）词语级：词语的情感是句子或篇章级情感分析的基础。早期的文本情感分析主要集中在对文本正、负极性的判断。词语的情感分析方法主要可归纳为 3 类：基于词典的分析方法、基于网络的分析方法、基于语料库的分析方法。基于词典的分析方法利用词典中的近义、反义关系及词典的结构层次，计算词语与正、负极性种子词汇之间的语义相似度，根据语义的远近对词语的情感进行分类。基于网络的分析方法利用万维网的搜索引擎获取查询的统计信息，计算词语与正、负极性种子词汇之间的语义关联度，从而对词语的情感进行分类。基于语料库的分析方法运用机器学习的相关技术，对词语的情感进行分类。机器学习的方法通常需要先让分类模型学习训练数据中的规律，然后用训练好的模型对测试数据进行预测。

（2）句子级：由于句子的情感分析离不开构成句子的词语的情感，因此方法划分为三大类：基于知识库的分析方法、基于网络的分析方法、基于语料库的分析方法。在对文本信息中句子的情感进行识别时，通常创建的情感数据库会包含一些情感符号、缩写、情感词、修饰词等。我们在具体的实验中会定义几种情感（生气、憎恨、害怕、内疚、感兴趣、高兴、悲伤等），标注句子的情感类别及其强度值，实现对句子的情感分类。

3. 情感分析的方法

现有的情感分析的方法大致可以集合成以下 4 类。

（1）关键词识别：利用文本中出现的且清晰定义的影响词（Affect Words），如"开心""难过""伤心""害怕""无聊"等，影响情感分类。

（2）词汇关联：除了侦查影响词，还赋予词汇一个和某项情绪的"关联"值。

（3）统计方法：通过调控机器学习中的元素，如潜在语义分析（Latent Semantic Analysis）、

SVM、词袋（Bag of Words）等。一些更智能的方法意在探测出情感持有者（保持情绪状态的人）和情感目标（让情感持有者产生情绪的实体）。要想挖掘某语境下的意见，或者获取给予意见的某项功能，需要使用语法之间的关系。语法之间互相的关联性经常需要通过深度解析文本来获取。

（4）概念级技术：与单纯的语义技术不同的是，概念级的算法思路权衡了知识表达（Knowledge Representation）的元素，如知识本体（Ontologies）、语义网络（Semantic Networks），因此这种算法可以探查文字之间比较微妙的情绪表达。例如，分析一些没有明确表达相关信息的概念，可以通过这些概念与明确概念的不明显联系来获取所求信息。

【任务实施】

根据主题寻优结果，构建 LDA 主题模型，设置主题数为 3，经过 LDA 主题分析后，每个主题生成了 10 个最有可能出现的词语及相应的概率，代码如下所示。

```
In[32]:import pandas as pd
pos_lda=models.LdaModel(pos_corpus, num_topics = 3,id2word = pos_dict)
print(pos_lda. print_topics(num_words=10))
Out[32]:
[(0, '0.049*"售后服务" + 0.048*"超级" + 0.040*"师傅" + 0.023*"送货" + 0.018*"人员" +
0.016*"电话" + 0.012*"产品" + 0.012*"值得" + 0.010*"第二天" + 0.009*"服务态度"'),
(1, '0.155*"安装" + 0.030*"不错" + 0.028*"售后" + 0.016*"东西" + 0.015*"收费" +
0.014*"安装费" + 0.013*"装" + 0.011*"好评" + 0.011*"花" + 0.010*"钱"'), (2,
'0.052*"差" + 0.026*"满意" + 0.025*"服务" + 0.024*"免费" + 0.019*"客服" + 0.015*"很
快" + 0.014*"太" + 0.012*"品牌" + 0.011*"质量" + 0.011*"速度"')]
```

```
In[33]:import pandas as pd
neg_lda = models.LdaModel(neg_corpus, num_topics = 3, id2word = neg_dict)
print(neg_lda. print_topics(num_words=10))
Out[33]:
[(0, '0.081*"差" + 0.031*"师傅" + 0.023*"售后" + 0.020*"收" + 0.019*"打电话" +
0.016*"换" + 0.013*"产品" + 0.013*"遥控" + 0.012*"贵" + 0.012*"烧水"'), (1,
'0.120*"安装" + 0.049*"太" + 0.037*"评" + 0.026*"安装费" + 0.023*"东西" + 0.015*"坏
" + 0.015*"太慢" + 0.015*"慢" + 0.013*"遥控器" + 0.013*"上门"'), (2, '0.034*"垃圾"
+ 0.024*"客服" + 0.024*"装" + 0.018*"加热" + 0.017*"服务" + 0.017*"不好" + 0.016*"
质量" + 0.013*"货" + 0.010*"配件" + 0.009*"支架"')]
```

综合以上对主题及其中的高频特征词的分析，得出美的电热水器具有价格实惠、性价比高、外观好看、服务好等优势。相对而言，用户对美的电热水器的抱怨点主要体现在安装费用高及售后服务差等方面。因此，用户的购买原因可以总结为美的是大品牌，值得信赖、美的电热水器价格实惠、性价比高。

【项目小结】

本项目以电商产品评论数据的情感分析为例,介绍了分词的相关概念和方法,如分词、停用词的原理;同时介绍了文本分类的方法及如何计算文本相似度,并根据文本相似度分析其中的情感,从而实现情感分析。

【技能训练】

结合项目 7 的 sklearn 建模方法,对电商产品评论数据进行建模并根据评论的正、负主题向用户进行推荐。

反侵权盗版声明

电子工业出版社依法对本作品享有专有出版权。任何未经权利人书面许可,复制、销售或通过信息网络传播本作品的行为;歪曲、篡改、剽窃本作品的行为,均违反《中华人民共和国著作权法》,其行为人应承担相应的民事责任和行政责任,构成犯罪的,将被依法追究刑事责任。

为了维护市场秩序,保护权利人的合法权益,我社将依法查处和打击侵权盗版的单位和个人。欢迎社会各界人士积极举报侵权盗版行为,本社将奖励举报有功人员,并保证举报人的信息不被泄露。

举报电话:(010)88254396;(010)88258888
传　　真:(010)88254397
E-mail: dbqq@phei.com.cn
通信地址:北京市万寿路173信箱
　　　　　电子工业出版社总编办公室
邮　　编:100036